普通高等教育电子与计算机专业项目特色系列教材

基于 Altium Designer 16 的电子 CAD 项目教程

主　编：周明理

副主编：王华金　何经伟

参　编：徐世举　梁　强　陈家义

　　　　罗思思　陈满先　梁原著

北京理工大学出版社

BEIJING INSTITUTE OF TECHNOLOGY PRESS

内 容 简 介

本书以 Altium Designer 16 为平台，介绍了 Altium Designer 16 的基本功能、操作方法和实际应用技巧。本书从实际应用出发，以项目的形式介绍了 Altium Designer 16 软件的设计环境、原理图设计、PCB（印制电路板）设计、集成元件库的创建等相关设计内容，最后介绍了综合实训，以便读者更好地掌握电子电路图设计的完整过程。

本书可以作为应用型本科、高职高专院校、成人高校及民办高校电子信息类专业学生的教材，也可以作为广大爱好电子设计的青年朋友学习的参考用书。

图书在版编目（CIP）数据

基于 Altium Designer 16 的电子 CAD 项目教程/周明理主编. —北京：北京理工大学出版社，2019.2（2022.4重印）

ISBN 978 - 7 - 5682 - 6363 - 4

Ⅰ. ①基… Ⅱ. ①周… Ⅲ. ①印刷电路 - 计算机辅助设计 - 应用软件 - 高等学校 - 教材 Ⅳ. ①TN410.2

中国版本图书馆 CIP 数据核字（2018）第 220980 号

出版发行／北京理工大学出版社有限责任公司

社　　址／北京市海淀区中关村南大街 5 号

邮　　编／100081

电　　话／（010）68914775（总编室）

　　　　　（010）82562903（教材售后服务热线）

　　　　　（010）68944723（其他图书服务热线）

网　　址／http：//www.bitpress.com.cn

经　　销／全国各地新华书店

印　　刷／三河市天利华印刷装订有限公司

开　　本／787 毫米×1092 毫米　1/16

印　　张／13

字　　数／305 千字

版　　次／2019 年 2 月第 1 版　　2022 年 4 月第 3 次印刷

定　　价／39.00 元

责任编辑／江　立

文案编辑／赵　轩

责任校对／黄拾三

责任印制／李志强

前　　言

　　"电子CAD"是电子类专业的学生必须学习的一门计算机辅助设计课程，掌握EDA（Electronic Design Automation，电路设计自动化）软件能够为后续专业课程的学习打下基础，为走出校门、走向工作岗位奠定坚实的理论知识和基本操作技能基础。

　　本教材的编写，主要有以下几个特点：

　　（1）在内容的组织上，遵循"实用、易懂"的思路，主要内容通过介绍Altium Designer 16的常用功能以及选取电子电路设计过程中息息相关的知识来组成。

　　（2）按照项目化的编写原则，让"学习任务引领"的教改思想得到体现、实际操作技能训练得以实现，从而培养学生的职业能力本位理念，融"教、学、做"为一体。

　　（3）本教材围绕实际电路设计实例来展开，把相关的理论知识放在实例设计过程中讲解，使学生在进行电路设计的过程中掌握理论知识，实际操作技能也得到提升。

　　本教材与广西北海市海顺航海设备装配行合作开发完成，书中采用了企业的某些真实案例，以工作过程为导向组织教学内容，将新方法应用于教学中。

　　周明理对本书的编写思路与大纲进行了总体策划、指导全书的编写，对全书的内容进行了统稿和定稿。何经伟、徐世举、梁强、陈家义编写了项目一至项目四，周明理、王华金、罗思思、陈满先（高级工程师）、梁原著（电源工程师）编写项目五至项目九。

　　本书在编写过程中参考了不少同行编写的优秀教材和设计实例，从中得到了不少的启发和经验，在此致以诚挚的感谢！

　　虽然全体参编人员尽了最大的努力，但学识和水平有限，书中难免会有错误和不妥之处，望读者和专家指正并提出宝贵意见，以便进一步修改和提高。

编者

CONTENTS 目录

项目一

分压式偏置放大电路
原理图的绘制

●项目引入

Altium Designer 16 是 Altium 公司推出的一款电子设计自动化软件，它为设计者提供了统一的电子产品开发环境，包括原理图绘制、PCB 板设计、电路仿真分析、FPGA 硬件设计等。在整个电子产品开发过程中，原理图设计是基础，首先要设计出电路原理图，然后对其进行仿真分析，最后设计 PCB 板。下面以图 1-1 所示的分压式偏置放大电路为例介绍原理图的绘制方法。

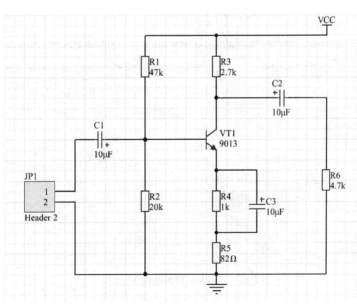

图1-1　分压式偏置放大电路

●项目目标

（1）会新建、保存工程及原理图文件；

（2）会查找和放置元器件，并设置元器件属性；

（3）会使用导线连接元器件，并能够放置电源符号。

●项目知识

项目知识一　Altium Designer 16 的启动和窗口认识

一、启动 Altium Designer 16 软件

启动 Altium Designer 16 软件有 2 种方法。

方法 1：在菜单栏中执行【开始】/【所有程序】/【Altium Designer】命令。

方法 2：用鼠标双击 Windows 桌面的快捷方式图标 （安装好 Altium Designer 16 软件后，先把 Altium Designer 16 软件的快捷图标发送到 Windows 的桌面）。

二、Altium Designer 16 窗口认识

（一）Altium Designer 16 的主窗口

启动 Altium Designer 16 后进入主窗口，如图 1 - 2 所示。

图 1 - 2　Altium Designer 16 主窗口

　　Altium Designer 16 主窗口由菜单栏、工具栏、工作窗口、状态栏、工作面板和导航栏 6 个部分组成。用户可以在该窗口进行项目文件的操作，例如，创建新项目、打开文件、配置文件等。

（二）Altium Designer 16 的原理图编辑器窗口

创建好原理图编辑器的窗口如图 1-3 所示。

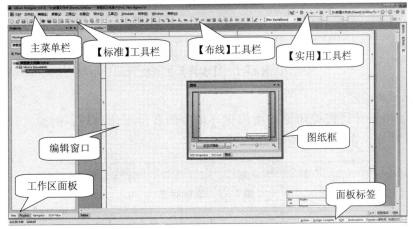

图 1-3　Altium Designer16 的原理图编辑器窗口

Altium Designer 16 原理图编辑器窗口主要由主菜单栏、工具栏、编辑窗口、图纸框、工作区面板、面板标签等组成，下面简单介绍各主要组成部分。

1. 主菜单栏

Altium Designer 16 原理图编辑环境中的主菜单如图 1-4 所示，在设计过程中，对原理图的各种编辑操作可以通过选择菜单中相应的命令完成。

图 1-4　主菜单栏

2. 【标准】工具栏

原理图编辑器【标准】工具栏为用户提供了一些常用的文件操作快捷方式，例如，打印、缩放、复制、粘贴等，它们以按钮图标的形式表示，如图 1-5 所示。将鼠标放置并停留在某个按钮图标上，相应的功能会在图标下方显示出来，以便于用户操作。在菜单栏中执行【查看】/【Toolbars】/【原理图标准】命令，可以对该工具栏进行开关操作，便于用户创建个性化的工作窗口。

图 1-5　【标准】工具栏

3. 【布线】工具栏

【布线】工具栏提供了一些常用的布线工具，用于放置原理图中的总线、线束、电源、地、端口、图纸符号等，并完成连线操作，如图 1-6 所示。在菜单栏中执行【查看】/【Toolbars】/【布线】命令，可以打开或关闭该工具栏。

图 1-6　【布线】工具栏

4. 【实用】工具栏

【实用】工具栏提供了实用工具、排列工具、电源、数字器件、仿真源、栅格等常用按钮，如图1-7所示。在菜单栏中执行【查看】/【Toolbars】/【实用】命令，可以打开或关闭该工具栏。

图1-7 【实用】工具栏

5. 面板标签

面板标签用于开启或关闭原理图编辑环境中的各种工作面板，例如，System、Design Compiler、SCH等，如图1-8所示。

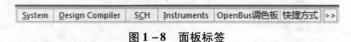

图1-8 面板标签

6. 工作区面板

工作区面板分布在编辑窗口两侧，包括Files、Project剪贴板、库等功能，如图1-9所示，当鼠标滑动至相应位置时，可展开其功能。

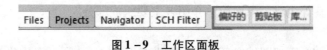

图1-9 工作区面板

7. 编辑窗口

编辑窗口是进行电路原理图设计的工作平台，用户可以新建原理图，也可以对现有的原理图进行编辑和修改。

8. 图纸框

图纸框用于显示当前编辑窗口中的内容在整张原理图中的相对位置，为用户提供明确的定位，以便找到所需要的对象。随着原理图的移动，图纸框中的红色方框也随之移动，并且可以对原理图进行放大、缩小和交互式导航。

项目知识二 工程文件和原理图文件的创建

一、工程文件的创建

工程是电子产品设计的基础，在一个工程文件中包括设计中生成的一切文件，例如，原理图文件、PCB图文件、各种报表文件及保留在项目中的所有库或模型。工程文件类似于Windows系统中的文件夹，在工程文件中可以执行对文件的各种操作，例如，新建、打开、关闭、复制与删除等。需要注意的是，工程文件只是起到管理的作用，在保存文件时，工程中的各个文件是以单个文件的形式保存的。

创建工程文件可以使用以下2种方法。

方法1：直接创建

在【Files】（文件）面板的【新的】选项组中单击【Blank Project】（空白工程文件）选项，直接创建 PCB 工程文件，如图 1 – 10 所示。

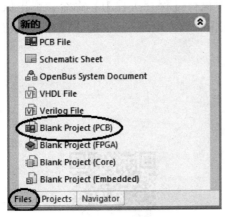

图 1 – 10　创建 PCB 工程文件

方法 2：利用模板创建工程文件

利用模板创建工程文件也有 2 种不同的方法。

（1）面板命令。在【Files】（文件）面板的【从模板创建文件】选项组中单击【PCB Project】（PCB 工程）选项，弹出 "New Project"（新建工程）对话框，如图 1 –11 所示。

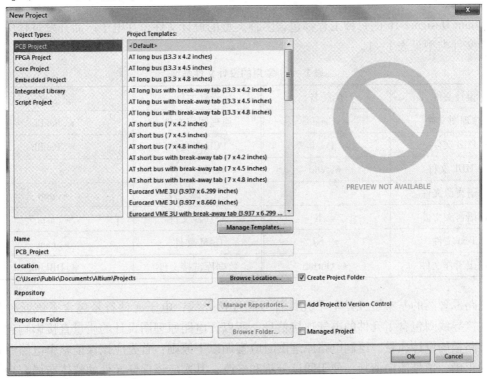

图 1 – 11　【New Project】（新建工程）对话框

（2）在菜单栏中执行【文件】/【New】/【Project…】命令，弹出【New Project】（新建工程）对话框。

在【New Project】（新建工程）对话框的【Project Types】栏中选择【PCB Project】命

令，单击【OK】按钮即可创建 PCB 工程文件。

按照上述方法新建一个默认工程名为"PCB_Project1. PrjPCB"的 PCB 工程文件，在工程文件名上单击鼠标右键，在弹出的快捷菜单中执行【保存工程为】命令，弹出保存工程对话框，选择保存路径，并输入工程名"分压式偏置放大电路"，单击【保存】按钮即可完成 PCB 工程的创建，如图 1-12 所示。

图 1-12　PCB 工程的创建

视频 1-1　PCB 工程文件的创建

二、添加原理图文件

Altium Designer 16 的每种工程都包含多种类型的设计文件，在电子产品开发过程中常用的设计文件类型见表 1-1。

表 1-1　常用的设计文件类型

设计文件	扩展名	设计文件	扩展名
原理图文件	*. Schdoc	原理图库文件	*. Schlib
PCB 文件	*. Pcbdoc	PCB 库文件	*. Pcblib
VHDL 文件	*. Vhd	Verilog 文件	*. V
C 语言源文件	*. c	C++ 源文件	*. cpp
C 语言头文件	*. h	ASM 源文件	*. asm
Text 文件	*. txt	CAM 文件	*. cam
输出工作文件	*. OutJob	数据库链接文件	*. DBLink

电路原理图的基本组成是电子元件符号和连接导线，电子元件符号包含了该元件的功能，连接导线则包含了元件的电气连接信息，所以，电路原理图设计的质量直接影响到 PCB 印制电路板的设计质量。绘制电路原理图时应遵循以下原则：首先应该保证整个电路原理图的连线正确，信号流向清晰，便于阅读分析和修改；其次应该保证元件的整体布局合理、美观、实用。

添加原理图文件有 2 种方法。

方法 1：在创建的 PCB 工程上单击鼠标右键，在菜单栏中执行【给工程添加新的】/【Schematic】命令。

方法2：在菜单栏中执行【文件】/【New】/【原理图】命令。

按照上述方法在之前创建的"分压式偏置放大电路"PCB工程文件中添加一个默认名为"Sheet1.SchDoc"的空白原理图编辑器文件，在原理图文件名上单击鼠标右键，在弹出的快捷菜单中执行【保存为】命令，将原理图文件名修改为"分压式偏置放大电路"，最后单击【保存】按钮完成原理图文件的添加。

项目知识三　元件的查找、放置和属性设置

一、元件的查找和放置

Altium Designer 16 有两个系统默认加载的集成元件库，即 Miscellaneous Devices. IntLib（常用分立元件库）和 Miscellaneous Connetors. IntLib（常用接插件库），包含了常用的各种元器件和接插件。常用元器件和接插件的名称与关键字见表1-2。

表1-2　常用元器件和接插件列表

名称	关键字	名称	关键字
整流桥	BRIDGE	电池	BATTERY
电容	CAP	晶体振荡器	CRYSTAL
二极管	DIODE	数码管	DPY
电感	INDUCTOR	发光二极管	LED
三极管	PNP（NPN）	电阻	RES
滑动变阻器	RPOT	开关（按钮）	SW
变压器	TRANS	插口	CON
接头	HEADER	插头	PLUG

Altium Designer 16 系统提供了3种放置元件的方法，分别是利用菜单命令、工具栏和【库】面板，我们以放置图1-1所示电路图中的变阻器为例进行介绍。

方法1：利用菜单命令放置元件

在菜单栏中执行【放置】/【器件】命令，弹出【放置端口】对话框，如图1-13所示。在【物理元件】框中输入"Res2"，单击【确定】按钮，相应元件即出现在原理图编辑窗口中，并随鼠标拖动，在合适的位置单击鼠标左键，即可将元件RPOT放置好。

在放置器件的过程中，如果器件需要旋转方向，则按空格键，每按一次空格键，元件旋转90度。如果需要

图1-13　【放置端口】对话框

连续放置多个相同的元件，则在放置完毕一个元件后，单击左键连续放置，放置完毕后单击鼠标右键或者按【Esc】键。退出元件放置状态。

方法2：利用工具栏放置元件

单击【布线】工具栏中的 ▭ 图标或在原理图中单击鼠标右键，在弹出的快捷菜单中执行【放置】/【器件】命令，其他操作同上。

如果当前元件库中的器件非常多，逐一浏览查找比较烦琐，可以使用过滤器快速定位需要的元件。例如，需要查找电容时可以在过滤器中输入"CAP"，名为CAP的电容将呈现在元件列表中；如果只记得元件中是以字母"C"开头，则直接在过滤器中输入"C＊"进行查找，通配符"＊"表示任意一个字符；如果记得元件的名字是以"CA"开头，最后有一个字母不记得了，则可以在过滤器中键入"CA?"，通配符"?"表示一个字符。

方法3：利用【库】面板放置元件

打开【库】面板，在元件下拉列表中选中"Miscellaneous Devices. IntLib"元件库，在下拉菜单选择元件"Res2"或在过滤器中输入元件名称"Res2"均可找到滑动变阻器，如图1-14所示。【库】面板中除了显示元件名、封装、描述、库信息之外，还可以显示元件符号及3D视图等信息。选定元件后鼠标单击【库】面板右上角的【Place Res2】按钮或者选中元件名按住鼠标左键（或者双击）将其放置在原理图中。

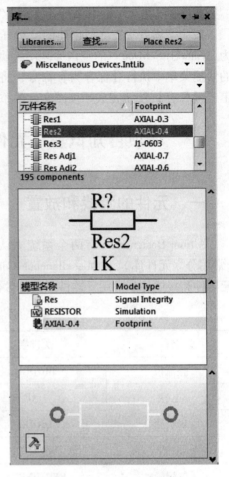

图1-14 【库】面板

二、元件属性的设置

在原理图上放置的所有元件都具有自身的特定属性，因此需要对每一个元件的属性进行正确的编辑和设置。在把元件放置到原理图编辑器之前，按【Tab】键，弹出该元件的属性对话框，如图1-15所示。在原理图上双击某个元件，也可以弹出该元件的属性设置对话框。

元件属性对话框的常用设置如下：

（1）【Designator】文本框。表示该元件所对应的标识符，例如，电阻可将其设置为"R1"、电容可将其设置为"C1"等。勾选【Visible】复选框表示该标识符在原理图中可见；取消【Visible】复选框表示该标识符在原理图中不可见。

（2）【Comment】下拉列表。表示该元件对应的元件型号，例如，三极管的型号9012、9015等。勾选【Visible】复选框表示该元件的元件型号在原理图中可见；取消【Visible】

复选框表示该元件的元件型号在原理图中不可见。

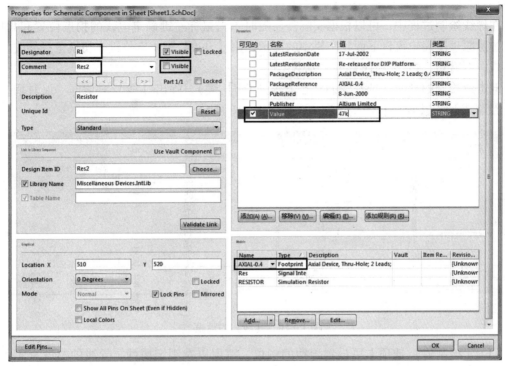

图1-15　【元件属性】对话框

（3）【Value】复选框。在右边列项中的【Value】表示该元件对应的元件参数，例如，电阻的阻值、电容的容量等。

（4）【Footprint】选项。在右边列项中的Footprint表示该元件对应的元件封装，该封装关系到PCB板的制作。

完成元件的相关属性设置后单击【OK】按钮，关闭元件属性对话框。

项目知识四　原理图元件的连线

一、使用导线连接器件

将各元件连接起来即电气连接，它有两种实现方式，一种是直接使用导线将各个元件连接起来，称为物理连接；另一种是通过设置网络标号而不需要实际的相连，称为逻辑连接。

Altium Designer 16提供了3种利用导线连接原理图的方法。

方法1：使用菜单命令。在菜单栏中执行【放置】/【线】命令。

方法2：使用【布线】工具栏。单击【布线】工具栏中的【放置线】图标≈。

方法3：使用【P】+【W】组合键。

执行绘制导线命令后，光标变为十字形。移动光标到欲放置导线的起点位置（元件引脚），出现一个红色米字标志，单击鼠标左键确定导线的起点，拖动鼠标形成一条导线，拖动到要连接的另一个元件的引脚处，同样出现一个红色米字标志，再次单击鼠标左键确定导线的终点,完成两个元件的连接。单击鼠标右键或按【Esc】键退出导线绘制状态。

在导线绘制过程中,可以根据实际需要随时单击鼠标左键确定电线的拐点位置和角度,或者按照原理图编辑窗口下面状态栏中的提示,用【Shift】键+空格键来切换选择导线的拐弯模式,有直角、45°角和任意角3种模式。

双击所绘制的导线(或在绘制状态下按【Tab】键),弹出【线】对话框。该对话框中有【绘制成】和【顶点】两个选项卡,如图1−16所示。

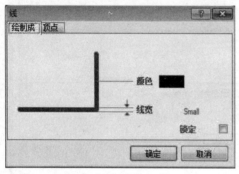

(a)【绘制成】选项卡

(b)【顶点】选项卡

图1−16 【线】对话框

(1)【绘制成】选项卡可设置导线的颜色、宽度以及锁定属性。导线的宽度有4种选择,即Smallest(最细)、Small(细)、Medium(中等)和Large(粗),用户参照与导线相连的元件引脚线宽度进行设置。

(2)【顶点】选项卡显示了导线的两个端点以及所有拐点的X、Y坐标值,用户可以直接输入具体的坐标值,也可以单击【添加】或者【删除】按钮进行设置修改。

绘制导线时,使用【Shift】键+空格键进行模式切换,当在原理图编辑窗口下面的状态栏中显示"Shift + Space to change mode:Auto Wire(Tab for Options)"时,可以进行导线的点对点自动绘制。在自动绘制过程中,系统将只识别起点和终点的电气点,而忽略中间的所有电气点,如果光标指向的终点不是电气点,则自动绘制导线不会执行。

二、放置电源及地端口

电源端口和地端口是电路原理图中必不可少的组成部分,系统为用户提供了多种电源和地端口的形式,每种形式都有一个相应的网络标号作为标识。放置电源和地端口有3种方法。

方法1:在菜单栏中执行【放置】/【电源端口】命令。

方法2:单击【布线】工具栏中的【VCC电源端口】图标 ^{ᵛᶜᶜ}⊤ 或【GND端口】图标 ⏚。

方法3:单击【实用】工具栏中的【电源】图标 ⏚ ▾。

执行操作后光标变为十字形,并带有电源或地端口符号,移动光标到适当位置,当出现红色米字标志时,表示光标捕捉到电气连接点,单击鼠标左键即可完成放置,单击鼠标右键或按【Esc】键退出放置状态。

双击所放置的电源端口或在放置状态下按【Tab】键,弹出【电源端口】对话框,如图

1 −17 所示。在该对话框中可以设置颜色、网络名称、类型以及位置等属性。单击【类型】右侧的下拉按钮，有 7 种不同的电源端口和地端口供用户选择，其名称和符号见表 1 −3。

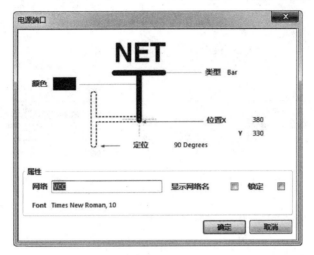

图 1 −17　【电源端口】对话框

表 1 −3　电源端口和地端口

名称	符号	名称	符号	名称	符号	名称	符号
Circle	VCC	Arrow	VCC	Bar	VCC	Wave	VCC
Signal Ground		Power Ground		Earth			

<h1 style="text-align:center">项 目 实 施</h1>

步骤 1：创建 PCB 工程

启动 Altium Designer 16 软件，创建名为"分压式偏置放大电路"的 PCB 工程，如图 1 −18 所示。

步骤 2：添加原理图文件

在菜单栏中执行【文件】/【New】/【原理图】命令，为步骤 1 创建的 PCB 工程添加名为"分压式偏置放大电路"的原理图文件，如图 1 −19 所示。

视频 1 −2　分压式偏置放大电路原理图的绘制

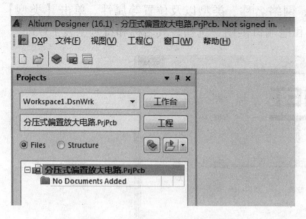

图1-18　创建的PCB工程

图1-19　添加原理图文件

步骤3：原理图的绘制过程

（1）打开原理图编辑器，单击窗口工作区面板的【库…】选项卡，如图1-20所示。

（2）在弹出的页面的元件显示区域单击鼠标激活该区域，如图1-21所示。

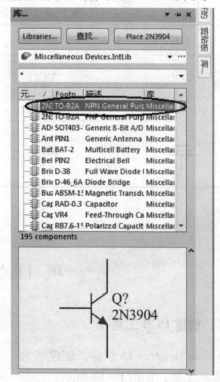

图1-20　元件【库】选项卡　　　图1-21　【库】页面的操作

（3）在键盘上按【↓】键或输入"Res2"，找到所需要放置的电阻，双击该元件或单击Place Res2，放置电阻，如图1-22所示。

（4）在原理图工作区，所放置的电阻元件处于悬浮状态，如图1-23所示。

（5）按【Tab】键（如果元件已放置到图纸中，则双击该元件），弹出【元件属性】对话框，修改元件参数：将【Designator】文本框内的"R?"修改为"R1"，取消【Comment】对文本框右侧【Visible】复选框的勾选，将对话框右侧 Value 选项的值修改为"47k"，如图 1-24 所示。元件参数修改完毕后，单击【OK】按钮。

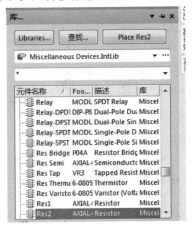

图 1-22　调用 Res2 电阻

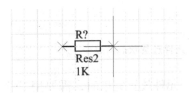

图 1-23　处于悬浮状态的元件

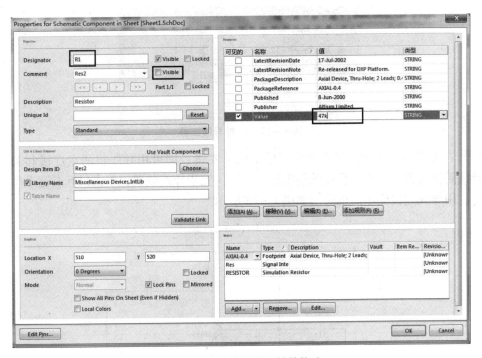

图 1-24　电阻元件属性的修改

（6）修改参数后的电阻元件为水平放置状态，按【Space】键改为垂直放置状态，如图 1-25 所示。

（7）用同样的方法放置其他元件并修改元件参数，如果元件的位置需要调整，可用鼠标直接拖动（或按住鼠标左键不松开）元件到合适位置即可。元件放置完毕的电路图如图 1-26 所示。

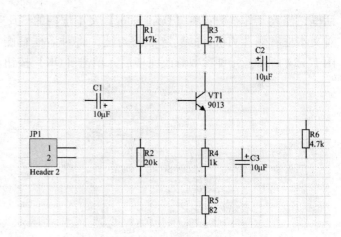

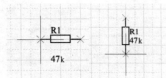

图1-25 元件放置状态的改变	图1-26 元件放置完毕的状态

（8）当元件放置完毕时，需要用导线将元件连接起来。单击配线工具栏中的放置导线图标（如图1-27所示），系统自动进入放置导线状态。

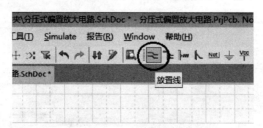

图1-27 放置导线工具

（9）在需要导线连接的起点和终点单击鼠标左键，即可用导线将两点连接起来。如果连接导线需要有折点，则在折点处单击鼠标左键。完毕导线放置，单击鼠标右键退出导线放置状态。用导线连接完毕的电路图如图1-28所示。

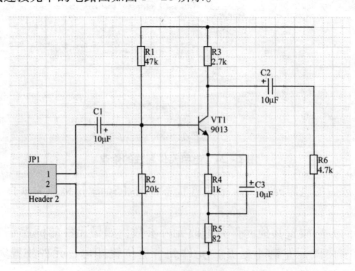

图1-28 用导线连接完毕的电路图

（10）单击【布线】工具栏的【VCC电源端口】图标 或【GND端口】图标 ，或者单击实用工具栏中电源图标，在弹出的菜单中选择需要的符号命令（如图 1 – 29 所示），即可在电路图中放置电源或接地端口。如果需要修改参数，则按【Tab】键进入修改参数状态。

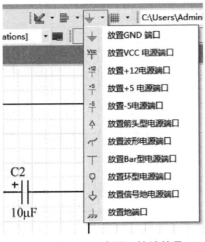

图 1 – 29　调用电源、接地符号

（11）放置电源和接地符号后，电路图绘制完毕，绘制完整的电路图如图 1 – 1 所示，保存文件。

项 目 训 练

1. 绘制如图 1 – 30 所示的两级阻容耦合三极管放大电路原理图。

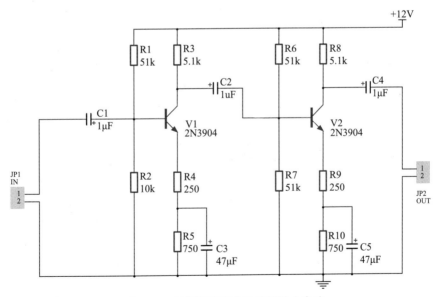

图 1 – 30　两级阻容耦合三极管放大电路

2. 绘制如图 1 – 31 所示的信号源电路原理图。

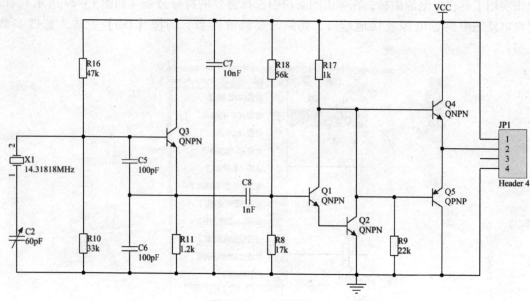

图1-31 信号源电路

项目二

LM317 可调稳压电源
原理图的绘制

●项目引入

电子电路通常需要电压稳定的直流电源供电，直流稳压电源是一种将220V工频交流电转换成稳定的直流电压输出的装置，由降压电路、整流电路、滤波电路和稳压电路4部分组成。下面我们利用 Altium Designer 16 软件绘制直流稳压电源电路，设计 B5 图纸模板，并设计标题栏，标题栏内容、格式以及直流稳压电路原理图如图2-1所示。

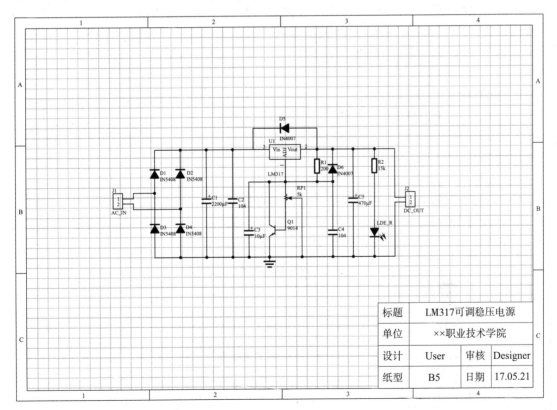

图 2-1 LM317 可调稳压电源电路

● 项目目标

(1) 会设置原理图图纸；
(2) 会设计原理图图纸模板及标题栏；
(3) 会加载与删除元件库；
(4) 会查找元件；
(5) 会对元件库已有的元件进行修改。

● 项目知识

项目知识一　原理图图纸设置

一、图纸的类型

进行原理图绘制之前，首先应对图纸进行设置。

1. 设置图纸尺寸

单击【文档选项】对话框的【方块电路选项】选项卡，该选项卡的右半部分为图纸尺寸的设置区域。Altium Designer 16 提成了两种图纸尺寸的设置方式，一种是标准风格，一种是自定义风格。用户可以根据设计需要选择这两种设置方式，默认的格式为标准风格。

1) 标准风格

方法1：在菜单栏中执行【设计】/【文档选项】命令。

方法2：在编辑窗口内单击鼠标右键，在弹出的快捷菜单中执行【选项】/【文档选项】或【文件参数】命令。

使用标准风格方式设置图纸，可以在"标准风格"下拉列表中选择已经定义好的图纸标准尺寸。标准风格共有 18 种，包括公制图纸格式（A0～A4）、英制图纸格式（A～E）、OrCAD 格式（OrCAD A～OrCAD E）及其他格式（Letter、Legal、Tabloid），各种规格的图纸尺寸见表 2-1。

表 2-1　各种规格的图纸尺寸

代号	尺寸（英寸）	代号	尺寸（英寸）	代号	尺寸（英寸）
A4	11.5×7.6	A3	15.5×11.5	A2	22.3×15.7
A1	31.5×22.3	A0	44.6×31.5	A	9.5×7.5
B	15×9.5	C	20×15	D	32×20
E	42×32	OrCAD A	9.9×7.9	OrCAD B	15.6×9.9

续表

代号	尺寸（英寸）	代号	尺寸（英寸）	代号	尺寸（英寸）
OrCAD C	20.6×15.6	OrCAD D	32.6×20.6	OrCAD E	42.8×32.6
Letter	11×8.5	Legal	14×8.5	Tabloid	17×11

2）自定义风格

自定义风格可以自定义图纸的尺寸，激活自定义功能需要勾选【使用自定义风格】复选框，然后设置图纸参数，包括定制宽度、定制高度、X区域计数、Y区域计数及刃带宽等。

执行以上操作后，弹出【文档选项】对话框，如图 2-2 所示，它有 4 个选项卡，即【方块电路选项】【参数】【单位】和【Template】。

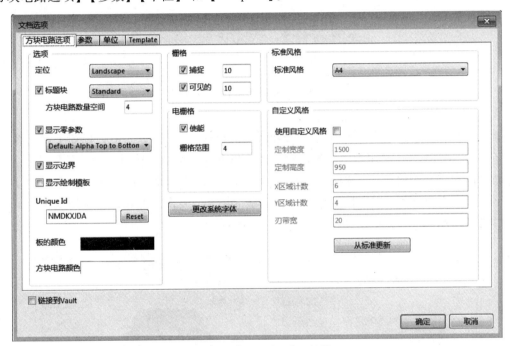

图 2-2　【文档选项】对话框

二、基本参数的设置

在【方块电路选项】选项卡中，可以设置图纸的方向、标题栏、颜色栅格等。

1. 设置图纸方向

图纸方向通过【定位】右侧的下拉按钮选择，可以设置为 Landscape（水平方向）或 Portrait（垂直方向）。一般在绘制及显示时设为水平方向，打印输出时根据需要设置为水平方向或垂直方向。

2. 设置图纸标题栏

图纸的标题栏是对设计图纸的附加说明，包括名称、尺寸、日期、作者、版本等。Altium Designer 系统提供了两种预先定义的标题栏格式，即 Standard（标准格式）和 ANSI

（美国国家标准格式），分别如图2-3和如图2-4所示。使能【标题块】后可以进行格式选择。

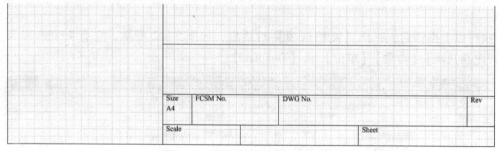

Title			
Size	Number		Revision
A4			
Date:	2017/5/31	Sheet of	
File:	F:\MILEX\..\原理图.SchDoc	Drawn By:	

图2-3　标准格式标题栏

Size A4	FCSM No.	DWG No.		Rev
Scale			Sheet	

图2-4　美国国家标准模式标题栏

3. 设置图纸颜色

图纸颜色设置包括图纸边框颜色设置和图纸底色设置。【边界颜色】选项卡用来设置边框颜色，默认为黑色。单击右侧的颜色框，系统弹出【选择颜色】对话框，包括【基本的】【标准的】和【定制的】3个选项，其中，【基本的】和【标准的】选项卡如图2-5所示，用于选择新的边框颜色。【方块电路颜色】选项卡用来设置图纸底色，默认为浅黄色。单击右侧颜色框，弹出【选择颜色】对话框，选择新的颜色后，单击【确定】即可。

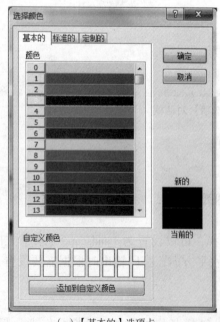 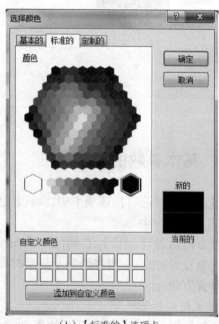

（a）【基本的】选项卡　　　　　（b）【标准的】选项卡

图2-5　【选择颜色】对话框

4. 栅格设置

设计原理图时，图纸上的栅格为放置元器件、连接线路等设计工作提供了方便。图纸显示操作时可以选择栅格的种类以及是否显示栅格。在【文档选项】对话框中的栅格区域可进行栅格和电栅格设置。

（1）捕获栅格：表示设计者在放置或移动对象时光标移动的距离。可选【捕捉】复选框后，在输入框中输入设定值，可在绘图中快速对准坐标位置。

（2）可视栅格：表示图纸上可视的栅格。可选【可见的】复选框后，在右边的输入框中输入设定值，可在原理图中显示栅格。建议捕获栅格与可视栅格输入相同的数值，使可视栅格与捕获栅格一致。

（3）电栅格：表示图纸上的连线时捕获电气节点的半径。可选【使能】复选框激活电气栅格后，在【栅格范围】文本框中输入数值，以当前坐标位置为中心，以设定值为半径向周围搜索电气节点，然后自动将光标移动到搜索到的节点表示电气连接有效。实际设置时，为能快速准确地捕获电气节点，电气栅格应设置得比当前捕获栅格小，否则影响电气对象的定位。

按照上述方法将捕获栅格和可视栅格的值设置为"10"，电栅格的值设置为"5"，如图2－6所示。

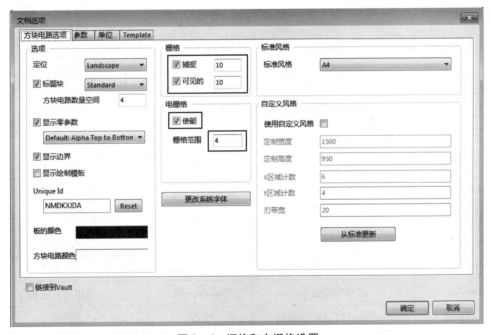

图2－6　栅格和电栅格设置

三、其他参数的设置

1. 图纸信息参数设置

图纸的设计信息记录了电路原理图的设计信息和更新记录。在【文档选项】对话框中单击【参数】选项卡，如图2－7所示。【参数】选项卡为原理图文档提供了20多个文档参数，供用户在图纸模板和图纸中放置。当用户为参数赋值并选中转换特殊字符串选项后（方法：选择【DXP】/【参数选择】/【Schematic】/【Graphical Editing】命令，激活【转化特殊字符】选项卡），图纸上显示所赋参数值，其中常用的参数见表2-2。

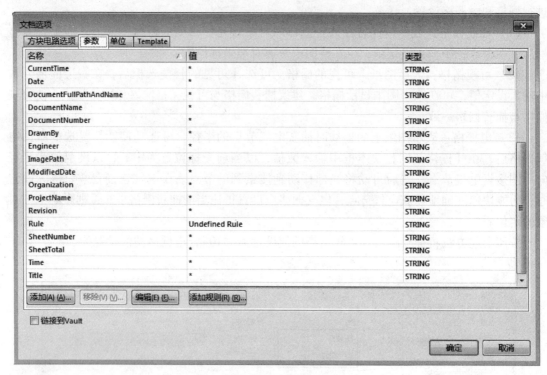

图2-7　图纸参数信息选项卡

表2-2　常用参数表

名称	功　　能	名称	功　　能
Address	设计者的地址信息	ApprovedBy	原理图审核者的名字
Author	原理图设计者的名字	CheckedBy	原理图校对者的名字
CompanyName	原理图设计公司的名字	CurrentDate	系统日期
CurrentTime	系统时间	DocumentName	文件名称
Revision	原理图的版本	SheetNumber	原理图页面数
SheetTotal	整个设计项目的图纸数	Title	原理图的名字

　　上述参数的填写信息包括参数值和数值类型设置，设计者根据需要编辑参数值，其方法有以下4种：

　　（1）单击填写参数名称的"值"文本框，删除"＊"，直接在文本框中输入参数；

　　（2）单击填写参数名称所在的行，使该行变为选中状态，单击对话框下方的【编辑】按钮，弹出"参数属性"对话框，如图2-8所示。在文本框中输入参数；

图2-8　【参数属性】对话框

（3）双击要编辑参数所在行的任意位置，弹出"参数属性"对话框，在文本框中输入参数；

（4）在图纸设计信息对话框中单击【添加】按钮，弹出"参数属性"对话框，添加新的参数。

如果是系统提供的参数，其参数名是不可更改的（灰色）；如果完成参数赋值后，标题栏内没有显示任何信息，则需进行如下操作：

（1）单击工具栏中的绘图按钮 ，在弹出的工具面板中选择添加放置文本字符串按钮 **A** ；

（2）按【Tab】键，弹出【标注】对话框，如图2-9所示；

（3）在【属性】区域中的【Text】下拉列表中选择参数相应的参数名称，在【字体】处单击【更改】按钮，设置字体颜色、大小等属性；

（4）单击【确定】按钮，关闭【标注】对话框，然后在标题栏相应的参数名称处单击鼠标左键即可。

图2-9　【标注】对话框

按照上述方法将原理图的名字设置为"LM317可调稳压电源电路"，原理图页面数设置为"1"，原理图版本设置为"第2版"，整个设计项目图纸数设置为"1"，原理图设计者设置为"李四"。设计完成后的标题栏如图2-10所示。

Title	LM317可调稳压电源电路			
Size A4	Number 	1	Revision	第2版
Date:	2017/5/21		Sheet of 1	
File:	C:\Users\..\分压式偏置放大电路.SchDoc		Drawn By: 李四	

图2-10 设置原理图的标题栏

2. 图纸单位设计

原理图中的长度单位可以采用英制（Imperial）或公制（Metric）两种单位。

在【文档选项】对话框中单击【单位】选项卡，如图2-11所示。勾选【使用英制单位系统】复选框后，则在【习惯英制单位】右侧的下拉列表中选择所需的英制单位；勾选【使用公制单位系统】复选框后，则在【习惯公制单位】右侧的下拉列表中选择所需的公制单位。

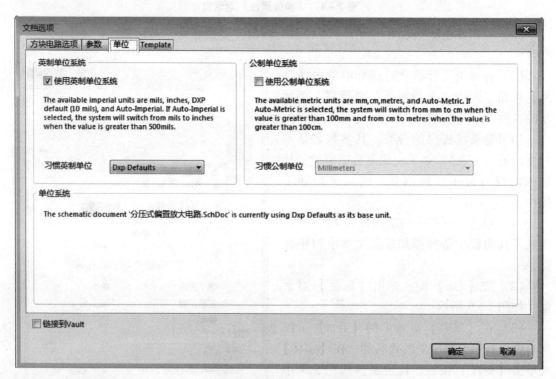

图2-11 【单位】选项卡

3. 图纸模板设置

在【文档选项】对话框中单击【Template】选项卡，对图纸模板进行选择，如图2-12所示。在【Template from Files】（模板文件）下面的下拉列表中选择"A"和"A0"等模板，单击【Update From Template】按钮，即可更新模板文件。

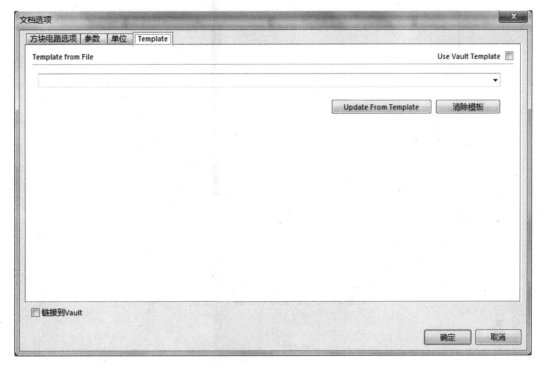

图 2 - 12　　【Template】选项卡

项目知识二　原理图模板的创建与调用

Altium Designer 16 提供了一些图纸模板供用户调用，它们被存放在系统安装目录下的 Templates 子目录里。当模板不满足需求时，用户还可以采用系统提供的自定义模板功能。下面介绍创建纸型为 B5 的文档模板和调用原理图图纸模板的方法。

一、原理图模板的创建

1. 新建原理图文件

新建一个空白原理图文件，在【文档选项】对话框的【选项】区域中取消可选【标题块】复选框，然后单击【单位】选项卡，勾选【使用公制单位系统】复选框，在【习惯公制单位】右侧的下拉列表中选择"Millimeters"命令，将原理图中使用的长度单位设置为毫米；单击【方块电路选项】选项卡，勾选【使用自定义风格】复选框，然后在激活的【定制宽度】编辑框中输入"257"，在【定制高度】编辑框中输入"182"，在【X 区域计数】编辑框中输入"4"，在【Y 区域计数】编辑框中输入"3"，【刃带宽】编辑框采用默认值，单击【确定】按钮，完成一个 B5 规格的无标题栏空白图纸的创建，如图 2 - 13 所示。

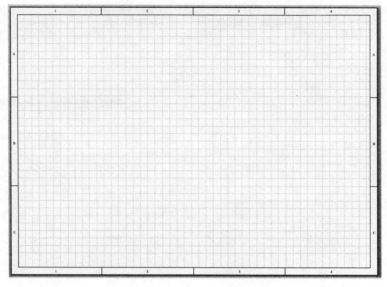

图 2 – 13　创建好的空白 B5 图纸

2．绘制标题栏

（1）在工具栏中单击绘图工具按钮 ，在弹出的工具面板中单击绘制直线工具按钮 ，绘制如图 2 – 14 的标题栏边框。

（2）单击绘图工具按钮 ，在弹出的工具面板中单击文本按钮 **A**，按【Tab】键，在弹出的【注释】对话框中设置文字颜色为蓝色，字体大小为"小二"，文字内容为如图 2 – 15所示，其他内容设置为默认，依次添加文本。

标题			
单位			
设计		审核	
纸型		日期	

图 2 – 14　标题栏边框　　　　　　　　图 2 – 15　添加文本后的标题栏

（3）在【文档选项】对话框中单出选择【参数】选项卡，单击【添加】按钮，弹出如图 2 – 16 所示的【参数属性】对话框，在【名称】编辑框中输入"Paper"单击【确定】按钮关闭对话框。

（4）打开绘图工具栏，单击绘图工具按钮 ，在弹出的工具面板中选择文本按钮 ^，按【Tab】键，在弹出的【注释】对话框设置文字颜色为蓝色，字体大小为"小二"，文字内容如图 2 – 17 所示，其他内容设置为默认，依次添加原理图信息。

（5）单击【保存】按钮，在弹出的保存对话框中设置文件名为"B5_Template. SchDot"，保存类型为原理图模板文件。

图2-16　【参数属性】对话框

标题	LM317可调稳压电源		
单位	XX职业技术学院		
设计	*	审核	*
纸型	B5	日期	*

图2-17　绘制的标题栏

二、原理图图纸模板的调用

1. 新建或打开原理图删除当前模板

新建一个空白的原理图文件，或者打开已有的一个原理图文档，在菜单栏中执行【设计】/【移除当前模板】命令，弹出【Remove Template Graphics】对话框，如图2-18所示，它有三个选项用来设置操作的对象范围，包括【Just this document】（仅仅该文档）、【All schematic documents in the current project】（当前工程的所有原理图文档）和【All open schematic documents】（所有打开的原理图文档）。单击【Just this document】单选按钮，然后单击【确定】按钮，确认移除原理图图纸模板的操作。

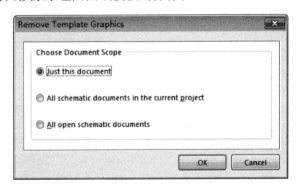

图2-18　【Remove Template Graphics】对话框

2. 添加创建好的模板

在菜单栏中执行【设计】/【通用模板】/【Choose Another File…】命令，弹出【打开】对话框，选择创建的"B5_Template.SchDot"命令，单击【打开】按钮，弹出【更新模板】对话框，如图2-19所示，根据用户需要选择【选择文档范围】和【选择参数作用】区域的内容。

图 2 - 19 【更新模板】对话框

项目知识三 元件库的加载与卸载

Altium Designer 16 软件中元件数量庞大、种类繁多，一般按照生产商及其类别功能的不同，将其分别存放在不同的文件内，这些专用于存放元件的文件称为库文件。为了方便使用，将包含所需元件的库文件载入内存中的过程称为元件库的加载。暂时用不到的元件库从内存中移除的过程称为元件库的卸载。

Altium Designer 16 软件为元件和库文件的各种操作提供了一个直观灵活的【库】面板，如图 2 - 20 所示，【库】面板主要由以下几部分组成。

（1）当前元件库：该文件栏中列出了当前已加载的所有库文件。单击右侧的 ■ 按钮，可以打开下拉列表进行选择；单击 ··· 按钮，在打开的窗口中有 3 个可选项，即元件、封装和 3D 模式，根据激活状态来控制面板是否显示相关信息。

（2）【搜索】输入栏：用于搜索当前库中的元件，并在下面的元件列表中显示，其中，"＊"表示显示库中的所有元件。

（3）【元件】列表：用于列出满足搜索条件的所有元件。

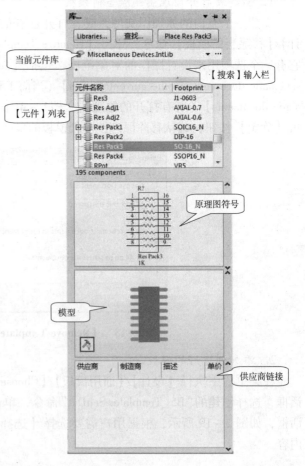

图 2 - 20 【库】面板

（4）原理图符号：用于显示当前选择的元件在原理图中的外形符号。

（5）模型：用于显示当前元件的各种模型，如 3D 模型、PCB 封装及仿真模型等。

（6）供应商链接：用于显示与所选元件有关的供应商信息。

一、元件库的加载

在菜单栏中执行【设计】/【添加/移除库】命令或在【库】面板上单击【Libraries…】按钮，弹出【可用库】对话框，如图2－21所示。对话框中的【工程】选项卡列出了用户为当前工程自行创建的元件库，【Installed】选项卡列出了系统当前可用的元件库。在【Installed】选项卡中单击【安装】按钮，然后单击"Install from file…"按钮，弹出【打开】对话框，如图 2－22 所示。在该对话框中选择确定的库文件，双击文件或单击【打开】按钮，打开后选择相应的元件库，完成元件库的加载。加载完毕后单击【关闭】按钮关闭对话框。

图 2 - 21 　【可用库】对话框

图 2 - 22 　【打开】对话框

二、元件库的卸载

如果想将已经添加的元件库卸载，则在【可用库】对话框中选中不需要的元件库，单击【删除】按钮，将该元件库卸载。

项目知识四 　元件的查找

如果用户只知道所需元件名称，而不知道元件所在的元件库，可以利用系统提供的快速查找功能来查找该元件。

在菜单栏中执行【工具】/【发现器件】命令或在【库】面板单击【查找】按钮，弹出【搜索库】对话框，如图 2－23 所示。在【搜索库】对话框中，通过设置查找的条件、范围及路径，快速找到所需的元件。【搜索库】对话框主要由以下几部分内容。

1. 【过滤器】栏

过滤器用于设置需要查找的元件满足的条件，最多可以设置 10 个，单击【添加行】超链接可以增加条件，单击【移除行】超链接可以删除条件。其中，"域"用于列出查找的范围；"运算符"列出了"equals""contains""starts with"和"ends with 4"种运算符，可以选择设置；"值"用于输入需要查找元件的型号名称。

2.【范围】栏

【范围】栏用于设置查找的范围。

（1）在...中搜索：单击 ⬛ 按钮，在弹出的列表中有 4 种类型，即 Components（元件）、Footprints（封装）、3D Models（3D 模型）和 Database Components（数据库元件）；

（2）可用库：单击该单选按钮，系统会在已经加载的元件库中查找；

（3）库文件路径：选中该单选按钮，系统将在指定的路径中进行查找；

（4）精确搜索：该单选按钮仅在有查找结果时才被激活，选中后，只在查找结果中进一步搜索。

3.【路径】栏

【路径】栏用于设置查找元件的路径，只有在选中【库文件路径】单选按钮时才有效。

（1）路径：单击右侧的 🖼 按钮，弹出【浏览文件夹】窗口，供用户选择设置搜索路径。若勾选【包括子目录】复选框，则包含在指定目录中的子目录也会被搜索。

（2）文件面具：用于设定查找元件的文件匹配域，"＊"表示匹配任何字符串。

（3）Advanced 超链接：如果需要进行更高级的搜索，单击【Advanced】超链接，【搜索库】对话框将变为如图 2 –24 所示的形式。在空白的文本编辑栏中，输入表示查找条件的过滤语句表达式，有助于系统更快捷、更准确地查找。

图 2 –23　【搜索库】对话框

图 2 –24　单击【Adranced】超链接后的
【搜索库】对话框

4.【助手】按钮

单击【助手】按钮，弹出【Query Helper】（帮助器）对话框，该对话框可以帮助用户建立相关的过滤语句表达式。

5.【历史】按钮

单击【历史】按钮，打开【语法管理器】对话框中的【历史】选项卡，里面存放了所有搜索记录，供用户查询、参考。

6.【偏好的】按钮

单击【偏好的】按钮，打开【语法管理器】对话框中的【偏好的】选项卡，用户可以保存喜欢的过滤语句表达式，便于下次查找时直接使用。

例如，我们要查找如图 2 - 25 所示的 Meter 元件，我们可以在【搜索库】对话框的【域】项选择"name"，在【运算符】项选择"contains"，【值】项输入"Meter"，在【范围】选项框中选择【库文件路径】；也可以在【搜索库】对话框的上方直接输入"Meter"，【范围】选项框中同样选择【库文件路径】。然后单击【查找】按钮，系统开始自动查找，查找结束后【库】面板如图 2 - 26 所示，符合搜索条件的元件多个，在【元件名称】栏选择【Meter】，其原理图符号、封装形式等显示在面板上，用户可以详细查看。

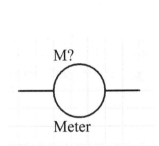

图 2 - 25　要查找的 Meter 元件

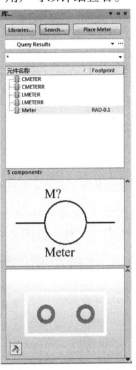

图 2 - 26　查找结束后的【库】面板

项目知识五　修改元件库中的已有元器件

在原理图库中，有些元件已有类似的元件符号，此时我们没有必要重新绘制，可以在已有元件的基础上进行修改，创建符合设计需要的元件，以提高设计效率。下面通过 Miscellaneous Devices 元件库 Volt Reg 元器件的修改，介绍修改元件库已有的库元件以及放置到原理图编辑器中的过程，如图 2 - 27 所示。

1. 打开已有元件 Volt Reg 所在库

在菜单栏中执行【文件】/【打开】命令，找到 C:\Users\Public\Documents\Altium\AD16\Library 目录下的库文件 Miscellaneous Devices.IntLib，双击打开库文件，弹出【摘录源文件或安装文件】对话框，如图 2 - 28 所示。

单击【摘取源文件】按钮，在【Project】面板上显示出 Miscellaneous Devices. SchLib 和 Miscellaneous Devices. PcbLib 两个分解文

视频 2 - 1　修改元件库
已有元器件

件，如图 2 - 29 所示。

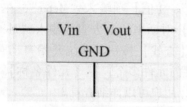

（a）修改前

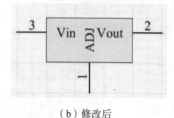

（b）修改后

图 2 - 27　待修改的 **Volt Reg** 元器件

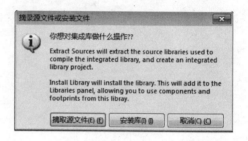

图 2 - 28　【摘录源文件或安装文件】对话框

双击原理图库文件 Miscellaneous Devices. SchLib，打开库文件，在【SCH Library】面板栏中显示出所有的库元件，如图 2 - 30 所示。

图 2 - 29　**Miscellaneous Devices. IntLib**
两个分解文件

图 2 - 30　**Miscellaneous Devices. SchLib**
所有的库元件

2. 编辑修改元器件

在【SCH Library】面板栏显示出的所有库元件中找到 Volt Reg 元件，并单击选中，如图 2 - 30 所示，则在右侧原理图库元件编辑区内显示 Volt Reg 元件的符号，如图 2 - 31 所示。在编辑区双击 Volt Reg 元件任一管脚（以【Vin】引脚为例），弹出【管脚属性】对话框，如图 2 - 32 所示。

单击【逻辑的】选项卡，将【标识】改为"3"，勾选【可见的】复选框，其他参数使用默认值，如图 2 - 33 所示。

修改好 Vin 管脚的属性后，单击【管脚属性】对话框右下角的【确定】按钮，完成 Vin 管脚的修改。修改 Vin 管脚前后的对照如图 2 - 34 所示。

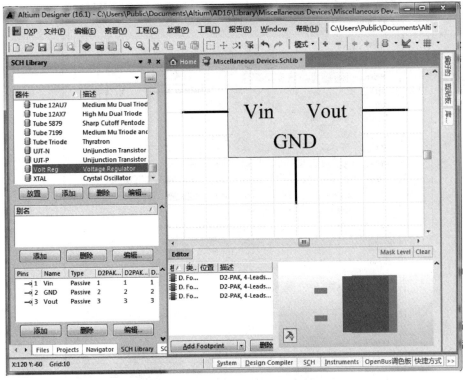

图 2－31　Volt Reg 元件编辑界面

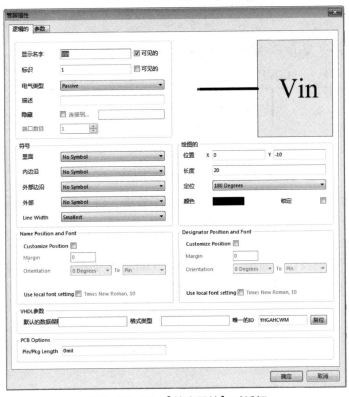

图 2－32　Vin【管脚属性】对话框

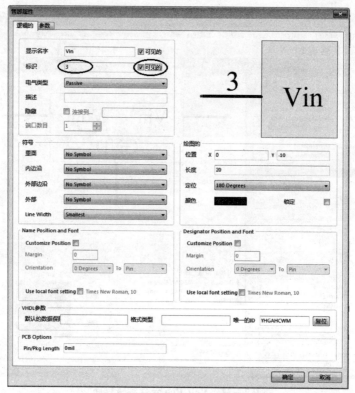

图2-33　修改Vin管脚的属性

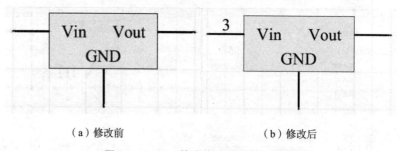

（a）修改前　　　　　　　　　　（b）修改后

图2-34　Vin管脚修改前后的对照图

　　使用相同的方法修改Volt Reg元件另外的两个管脚，修改好的Volt Reg元件如图2-35所示。

　　3. 放置修改好的元器件

　　在图2-35所示的操作界面中，单击【SCH Library】面板栏中元器件列表下方的【放置】按钮，把修改好的元器件放置到原理图编辑器中，如图2-36所示。

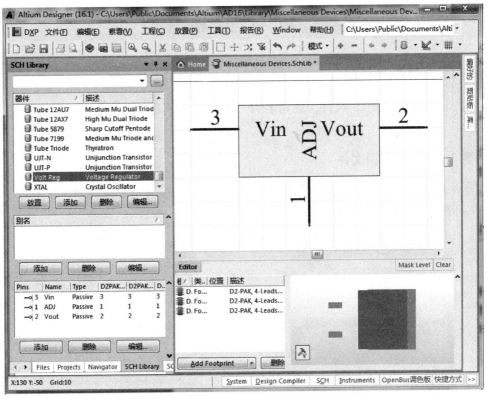

图 2 - 35　修改好的 Volt Reg 元件

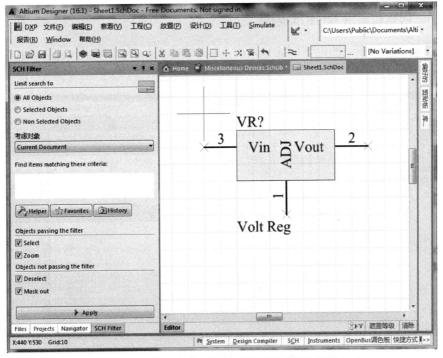

图 2 - 36　修改好的元器件放置到原理图编辑器中

项 目 实 施

步骤1：创建 PCB 工程

启动 Altium Designer 16 软件，创建名为"LM317 可调稳压电源"的 PCB 工程，如图 2-37所示。

步骤2：添加原理图文件

在菜单栏中执行【文件】/【New】/【原理图】命令，为步骤1创建的 PCB 工程添加名为"LM317 可调稳压电源"的原理图文件，如图 2-38 所示。

图 2-37　创建 PCB 工程

图 2-38　添加原理图文件

步骤3：创建和调用 B5 图纸模板

根据"项目知识二"的内容创建和调用 B5 图纸模板，调用 B5 图纸模板后的原理图文件如图 2-39 所示。

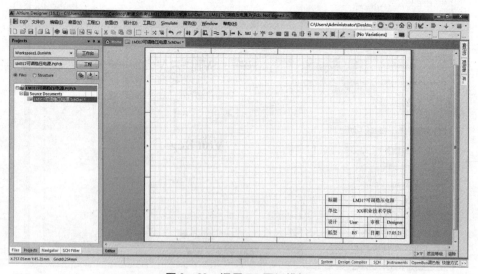

图 2-39　调用 B5 图纸模板

步骤4：修改元件库元件

该项目的 LM317 可调稳压电源原理图中的电容、二极管、三极管、电阻等元件在 Miscellaneous Devices. IntLib 中都可以找到，而芯片 LM317 需要通过修改才能得到。根据"项目知识五"的内容，将 Miscellaneous Devices. IntLib 元件库中的 Volt Reg 元件修改成本项目所需要的 LM317 元件，如图 2-40 所示。将修改好之后的 LM317 元件放置到原理图编辑中。

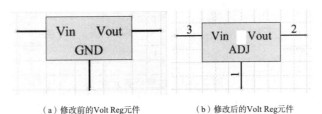

（a）修改前的Volt Reg元件   （b）修改后的Volt Reg元件

图 2-40 将 Volt Reg 元件修改成 LM317 元件

步骤5：放置元件并设置属性

（1）在原理图编辑窗口，单击右侧的【元件库】标签，弹出如图 2-41 所示的【元件库】面板。

（2）在当前元件库（Miscellaneous Devices. IntLib）下，选中放置的元件，如 Res2，单击【Place Res2】按钮，光标指针变成十字形状并浮动一个要放置的元件，如图 2-42 所示，在原理图的适当位置放置该元件。

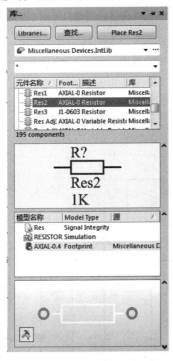

图 2-41 【元件库】面板

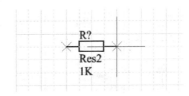

图 2-42 放置元件状态

（3）重复上述步骤的方法依次放置所有元器件，如图 2-43 所示。

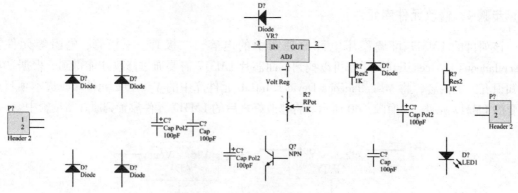

图 2-43　放置所有元件

（4）依次双击每个元器件，在【元件属性】对话框中设置元器件属性，设置结果如图 2-44 所示，在菜单栏中执行【工具】/【注解】命令为元件自动编号。

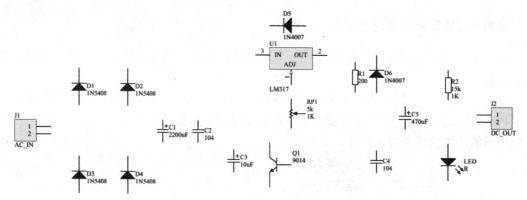

图 2-44　设置元件属性的结果

步骤 6：绘制导线

绘制导线，放置电源和接地端子，电路图绘制完毕。完整的电路图如图 2-45 所示，保存文件。

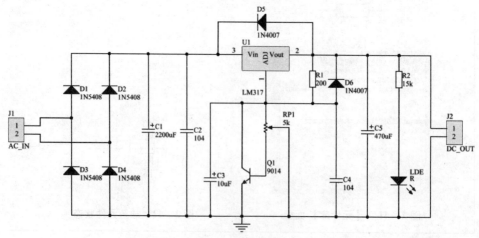

图 2-45　LM317 可调稳压电源电路完成图

项 目 训 练

1. 绘制图纸模板，设置图纸大小为 A4，X 区域为 6，Y 区域为 4，标题栏如图 2-46 所示，标题和单位等设置为四号、宋体、加粗、黑色、居中，其他内容设置为小四、宋体、不加粗、红色、居中，除纸张和图号外均采用文档参数设置，保存名称为 A4 模板.SchDoc。

标题：TDA7294音频放大电路				单位：XX职业技术学院		
制图	王五	纸张	A4	版本	3	部门：电子信息工程系
审核	张三	图号	1	张数	1	地址：XX市XX路48号
文件名：A4模板.SchDoc				日期	2017/05/04	时间	16:00

图 2-46　A4 图纸模板

2. 绘制如图 2-47 所示的电源电路原理图。

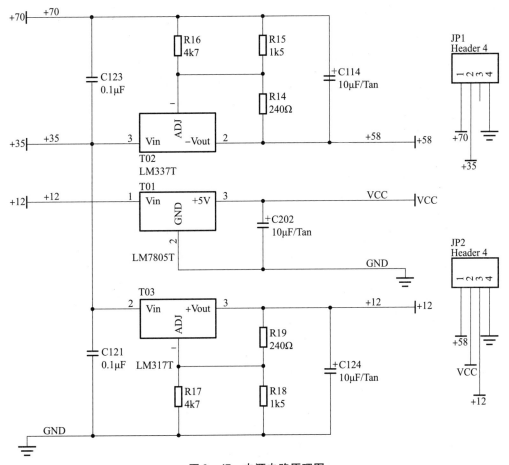

图 2-47　电源电路原理图

项目三

<<<<<<

A/D 转换电路原理图的绘制

●项目引入

在电子产品的开发过程中，快速、准确地找到所需要的元件对设计者来说至关重要。Altium Designer 16 提供了完整的内置集成库文件，几乎涵盖了世界上所有芯片制造厂商的产品。在大多数情况下，用户能够轻松地找到所需要的元件，并进行放置。但是，对于某些比较特殊、非标准化的元件或者新开发出来的元件，有时可能无法找到，另外有些元件的符号外形可能并不符合电路的设计要求。例如，本项目原理图中的 TL074、ADC100 等，如图 3 - 1 所示。在这些情况下，我们需要对库元件进行创建或者编辑，以满足设计需要。

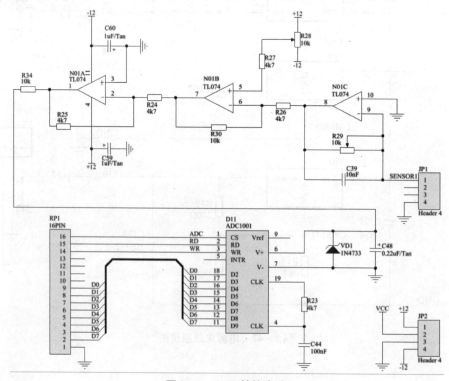

图 3 - 1   A/D 转换电路

●项目目标

(1) 掌握创建原理图元器件的方法与操作；

(2) 掌握含有子件原理图元件的创建；

(3) 掌握元件的高级操作（如元件的智能粘贴、阵列粘贴、自动标识与对齐等）方法；

(4) 掌握检查器、过滤器、列表面板操作；

(5) 掌握总线、总线入口及网络标号的绘制。

●项目知识

项目知识一　创建原理图元器件

一、创建原理图元件

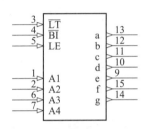

图 3-2　CD4511

下面以如图 3-2 所示的数码显示译码器 CD4511 为例，介绍原理图元件创建的具体步骤和操作。元器件名为 CD4511，添加默认标识符为 IC?，注释为 CD4511，描述为 Seven segment display decoder。该元件共包含 16 个引脚，其中，9、10、11、12、13、14、15 引脚是 Output 引脚，1、2、3、4、5、6、7 是 Input 引脚，8 和 16 是 Power 引脚，8 号引脚名称为 GND，16 号引脚名称为 VCC 并隐藏。

1. 新建库文件

在菜单栏中执行【文件】/【New】/【Library】/【原理图库】命令，创建一个默认名为 Schlib1. Schlib 的原理图库文件，同时启动原理图库文件编辑器，库中默认添加了一个元件 Component_1，如图 3-3 所示。

视频 3-1　创建原理图元器件

原理图库文件的编辑环境和原理图的编辑环境非常相似，包含菜单、标准工具条、实用工具条、编辑窗口等，操作方法几乎一样，但也有一些不同的地方。

(1) 编辑窗口：编辑窗口被划分为 4 个象限，中心的十字交点为该窗口的原点。在绘制元件时，一般将元件绘制在第 4 象限，并靠近原点附近。一般情况下，原点为元件的基准点。

(2) 实用工具：包含绘图工具栏、IEEE 符号工具栏、模式管理器等 3 个工具，利用这些工具栏能够绘制元器件符号并为元件添加相关的模型。

(3) 【SCH library】面板：用于对原理图库中的元件进行编辑及管理。

(4) 模型添加：为元器件添加相应模型，并进行预览。

2. 保存库文件

在菜单栏中执行【文件】/【保存】命令，在系统弹出的对话框中选择文件所在的目录，

并输入文件名，例如，命名为 Mylib. Schlib，如图 3 - 4 所示。保存原理图库文件，原理图库
文件创建成功。

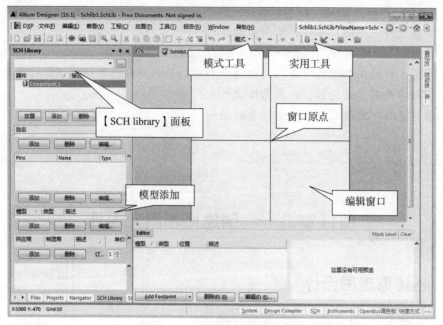

图 3 - 3　原理图库文件编辑器

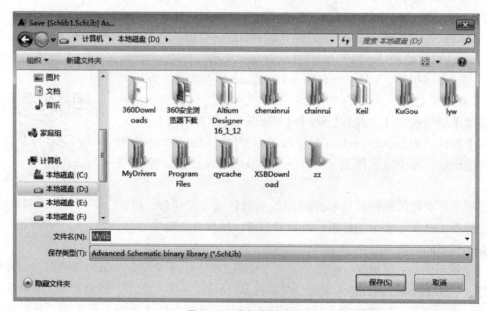

图 3 - 4　选择存储路径

3. 设置工作区参数

在菜单栏中执行【工具】/【文档选项】命令，弹出【Schematic Library Options】（原
理图元件库选项）对话框，如图 3 - 5 所示。参数设置与原理图文档参数设置类似，在
此不再详述。

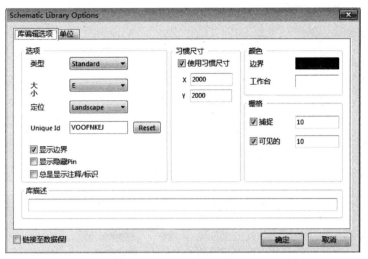

图3-5　【Schematic Library Options】对话框

4．绘制矩形框

矩形框的放置有2种方法：

（1）执行【放置】/【矩形】命令；

（2）单击实用工具栏上的 按钮，在弹出的菜单中选择 □ 项。

将鼠标移动到图纸的参考点上，在原点处单击鼠标左键，确定矩形的左上角，然后拖动光标画出一个矩形，再次单击鼠标左键，确定矩形的右下角，如图3-6所示。

双击矩形框，可以对矩形框的边界颜色、边框宽度、位置、填充颜色、坐标等参数进行修改。

放置矩形框后，如果尺寸不合适，可单击矩形框，矩形框周围会出现绿色的小方块，如图3-7所示。用鼠标左键拖动绿色的小方块，可改变矩形框的大小。

5．放置引脚

矩形框的放置有2种方法：

（1）在菜单栏中执行【放置】/【引脚】命令；

（2）单击实用工具栏上的 按钮，在弹出的菜单中选择 命令。

执行命令后，光标变成十字，并粘附一个引脚，引脚上"╳"的一侧为电气端，另一侧放置在元件的边框上，如图3-8所示。

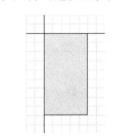　　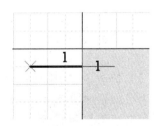

图3-6　绘制的矩形框　　　图3-7　鼠标单击后　　　图3-8　放置引脚

6．修改引脚属性

双击引脚，弹出该引脚属性对话框，如图3-9所示。

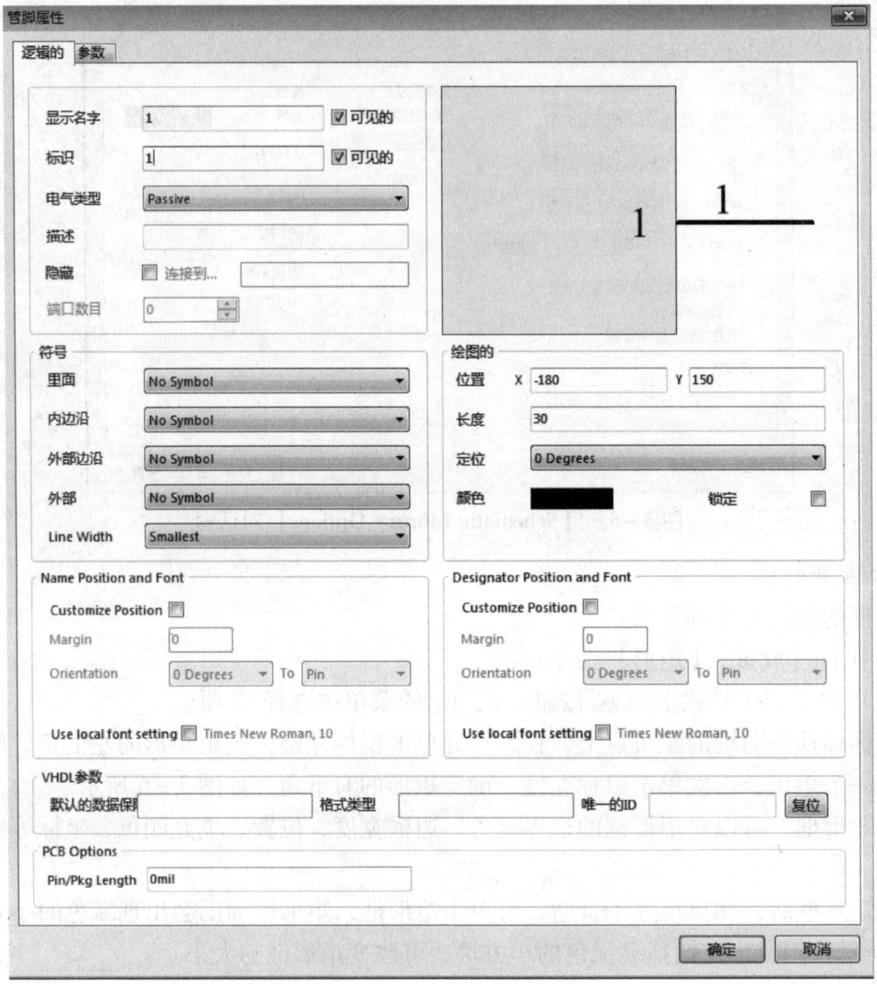

图 3-9 【管脚属性】对话框

【显示名字】：设置引脚的名称。

【标识】：设置引脚的序号。

【电气类型】：设置引脚的电气类型。

【可见的】：分别用于设置管脚名称、标识是否可见。选中时可见，否则管脚名称、标识将被隐藏。

（1）修改 1 号引脚的属性，显示名称改为"A1"，标识设置为"1"，电气类型设置为"Input"，单击【确定】按钮完成引脚 1 的设置。用同样的方法放置管脚 2、5、6、7、9、10、11、12、13、14、15。

（2）修改 3 号引脚的属性，显示名称改为"L\T\"（在管脚的名称后面加上"\"，可以为引脚添加取反号），标识设置为"3"，电气类型设置为"Input"，将【符号】栏中的【外部边沿】设置为"dot"（添加取非符号），单击【确定】按钮，完成引脚的设置。按同样的方法设置 4 号引脚。

（3）修改 8 号引脚属性，显示名称改为"GND"，标识设置为"8"，电气类型设置为"Power"。通常，在原理图中把电源管脚隐藏起来，所以在绘制电源管脚时，勾选【隐藏】

复选框，connect to 对应的框中填入对应的网络标号"GND"，单击【确定】按钮，完成引脚 P8 的设置。按同样的方法设置 16 号引脚。

绘制好的元器件如图 3-10 所示。

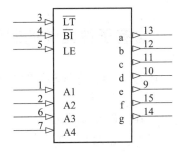

图 3-10　绘制好的元器件

7. 设置 CD4511 的元件属性

在菜单栏中执行【工具】/【器件属性】命令，弹出器件属性对话框，如图 3-11 所示。

在【Default Designator】设置为"IC?"，【注释】中设置为"CD4511"，描述中填入"Seven segment display decoder"，其余参数采用默认参数，单击【确定】按钮，完成设置。

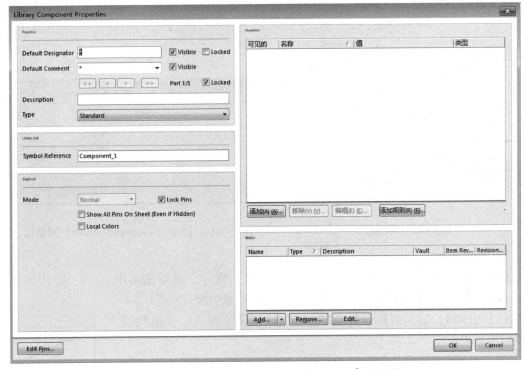

图 3-11　【Library Component Properties】对话框

8. 重新命名器件

在菜单栏中执行【工具】/【重新命名器件】命令，弹出重新命名器件对话框，输入新的器件名称"CD4511"，单击【确定】完成元器件的绘制。元器件重命令对话框如图 3-12 所示。

图 3-12　【Rename Component】对话框

二、含有子件元件的制作

下面通过元器件 74LS02 的绘制，介绍含有子件元件的制作
过程。

视频 3-2 含有子件
元件的制作

要求：在元件库 Mylib. schlib 中添加一个器件 74LS02，该器件
包含 4 个子件，如图 3-13 所示。1、2、4、5、9、10、12、13 引脚
为输入，3、6、8、11 引脚为输出，7 号引脚为 GND，14 号引脚为 VCC。

1. 打开库文件，新建元器件

打开元件库 Mylib. schlib，在菜单栏中执行【工具】/【新器件】命令，弹出【New Com-
ponent Name】对话框，如图 3-14 所示，输入新建元件的名字 "74LS02"，单击【确定】
按钮。

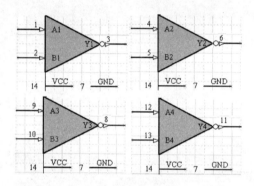

图 3-13　74LS02

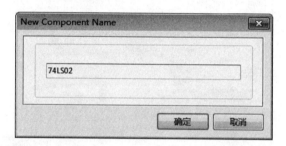

图 3-14　【New Component Name】对话框

2. 绘制 PartA

绘制元件外形，在菜单栏中执行【放置】/【线】命令，或单击实用工具栏 ![](中的放置
直线按钮 ╱，完成图形如图 3-15 所示。之后，放置引脚。

（1）引脚 1，显示名称设置为 "A1"，标识设置为 "1"，电气类
型为 "Input"；

（2）引脚 2，显示名称设置为 "B1"，标识设置为 "2"，电气类
型为 "Input"；

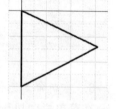

（3）引脚 3，显示名称设置为 "Y1"，标识设置为 "3"，电气类
型为 "Output"，外部边沿设置为 "Dot"；

（4）引脚 7：显示名称设置为 "GND"，标识设置为 "7"，电气类
型为 "Power"；

图 3-15　元件外形

（5）引脚 14：显示名称设置为 "VCC"，标识设置为 "14"，电气类型为 "Power"。

绘制完后如图 3-16 所示。

3. 绘制 Part B、Part C、Part D

元器件图中的 Part B、Part C、Part D 与 Part A 基本相同，因此不必重新绘制，在 Part A
的基础上编辑修改即可。

在菜单栏中执行【工具】/【新器件】命令，【SCH Library】面板 74LS02 元件的前面出现

⊞，点击⊞，可以看到74LS02由Part A、Part B两部分构成。如图3-17所示。

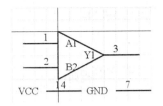

图3-16 绘制好的 Part A

图3-17 点击⊞后

单击【SCH Library】面板中的 Part A，选中 Part A 全部，进行复制后单击 Part B，进行粘贴。各引脚属性按照图进行修改，如图3-18所示。

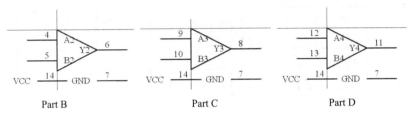

图3-18 74LS02 的其余子件

4. 设置74LS02的元件属性

在菜单栏中执行【工具】/【器件属性】命令，弹出元件属性设置对话框，在元件的【Default Designator】中输入"U?"，在【Default Comment】中输入"74LS02"，如图3-19所示。然后单击【OK】按钮退出，保存元件。

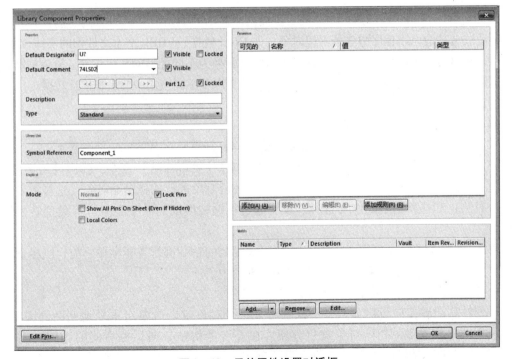

图3-19 元件属性设置对话框

项目知识二　元器件的操作

一、元器件的复制、粘贴、智能粘贴、阵列粘贴

Altium Designer 16 使用了 Windows 操作系统的共用剪贴板，便于用户在不同的应用程序之间进行各种对象的复制、剪切与粘贴等操作。

1. 元器件的复制

选中需复制的元器件或某一组对象后进行复制操作，通常有以下 3 种方法。

方法 1：单击【原理图标准】工具栏上的【复制】图标 ；

方法 2：在元件上单击鼠标右键，执行快捷菜单中的【复制】命令；

方法 3：使用快捷键【Ctrl】+【C】。

2. 元器件的粘贴

将选取的元器件或对象复制到剪贴板后，即可进行粘贴操作，通常有以下 3 种方法。

方法 1：，单击【原理图标准】工具栏上的【粘贴】图标 ；

方法 2：在元件上单击鼠标右键，执行快捷菜单中的【粘贴】命令；

方法 3：使用快捷键【Ctrl】+【V】。

执行粘贴命令后，光标变为十字形，并带有一个矩形框，框内有粘贴对象的虚影。在同一原理图中，选取复制对象后，单击【原理图标准】工具栏上的图标 ，可以进行重复粘贴。此外，在复制对象放置之前，按【Tab】键，可以精确设置粘贴位置。

3. 智能粘贴

智能粘贴是 Altium Designer 16 为进一步提高原理图的编辑效率而设置的功能，它允许用户在系统或者其他应用程序中选择一组对象，如 Excel 数据、VHDL 文本文件中的实体说明等，将其粘贴在 Windows 剪贴板上，并根据设置，将其转换为不同类型的其他对象，最终粘贴在目标原理图中，有效实现了不同文档之间的信号连接，以及不同应用中的工程信息转换。

智能粘贴的操作步骤如下：

（1）在源应用程序中选取需要粘贴的对象；

（2）在菜单栏中执行【编辑】/【复制】命令，将其粘贴在 Windows 剪贴板上；

（3）打开目标原理图，在菜单栏中执行【编辑】/【灵巧粘贴】命令，弹出【智能粘贴】对话框，如图 3 - 20 所示。在该对话框中可以对备份对象进行选择粘贴对象（选择需要粘贴的备份对象）和选择粘贴动作（选择、设置通过粘贴转换成的对象类型）等类型转换的相关设置。

智能粘贴功能强大，实际操作中，在对完成复制的粘贴进行智能粘贴之前，应尽量避免其他复制操作，以免将不需要的内容粘贴到原理图中。

4. 阵列粘贴

阵列粘贴能够按照设定参数，一次性将某一个对象或者对象组重复地粘贴到图纸上，为在原理图中放置多个相同对象提供方便。在【智能粘贴】对话框右侧的【阵列粘贴区域】，选中【使能粘贴阵列】复选框，激活阵列粘贴功能，如图 3 - 21 所示。

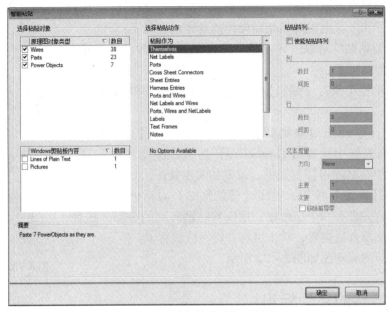

图 3 – 20 【智能粘贴】对话框

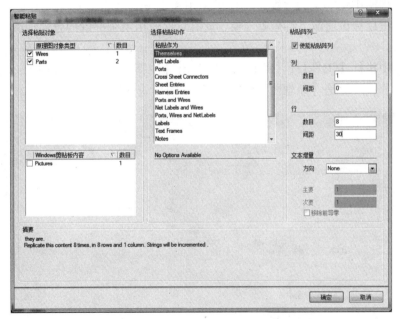

图 3 – 21 设置【智能粘贴】对话框

（1）【列】栏：【数目】文本框用于设置需要阵列粘贴的列数，【间距】文本框用于设置相邻两列之间的间距。

（2）【行】栏：【数目】文本框用于设置需要阵列粘贴的行数，【间距】文本框用于设置相邻两行之间的间距。

（3）【文本增量】栏：【方向】下拉列表用于增量方向，其中，【None】表示不设置，【Horizontal First】表示水平方向优先，【Vertical】表示垂直方向优先，选中后两项时，下面的文本框被激活，需输入增量数值。主要文本框用于输入指定相邻两次粘贴之间有关表示的数字递增量，次要文本框用于输入指定相邻两次粘贴之间元件引脚号的数字递增量。

发光二极管和限流电阻阵列粘贴操作的具体过程如下：

（1）将需要粘贴的对象组（电阻、发光二极管、导线）选中，并将其复制到剪贴板上；

（2）在菜单栏中执行【编辑】/【灵巧粘贴】命令，弹出【智能粘贴】对话框；

（3）选中【原理图对象类型】，显示选项，即【Parts】，在【粘贴作为】列表框中选择【Themselves】选项，在【粘贴阵列】栏中勾选【使能粘贴阵列】复选框，设置相关参数；

（4）单击【确定】按钮，关闭【智能粘贴】对话框。此时光标变为十字形，并带有一个矩形框，框内有粘贴阵列的虚影，随着光标而移动，选择合适位置，单击鼠标左键完成放置。

阵列粘贴后的原理图如图3-22所示。

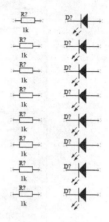

图3-22　阵列粘贴

二、元器件的自动标识

在电路原理图比较复杂的情况下，如果采用手工方式逐个编辑元件的标识，不仅效率低，而且容易出现标识遗漏、跳号等现象，此时可以使用系统提供的自动标识功能来完成元件的标识编辑。

在菜单栏中执行【工具】/【注解】命令，弹出【注释】对话框，如图3-23所示，该对话框分为两部分：左侧是【原理图注释设置】，右侧是【提议更改列表】。

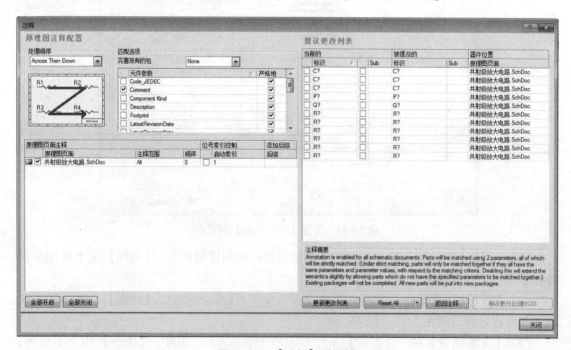

图3-23　【注解】对话框

（1）处理顺序。用于设置元件标识的处理顺序，有以下4种选择方案：

【Up then across】按照元件在原理图上的排列位置，先自下而上，再自左而右地自动标识；【Down then across】按照元件在原理图上的排列位置，先自上而下，再自左而右地自动标识；【Across then up】按照元件在原理图上的排列位置，先自左而右，再自下而上地自动标识；【Across then down】按照元件在原理图上的排列位置，先自左而右，再自上而下地自动标识。

（2）匹配选项。用于设置查找需要自动标识的元件的范围和匹配条件。其中，【完善现有的包】用于设置需要自动标识的作用范围，有以下3种选择方案：【None】用于无设定范围，【Per Sheet】用于单张原理图，【Whole Project】用于整个项目。

（3）原理图页面注释。用于选择要标识的原理图并确定注释范围、起始索引值及后缀字符等。

①【原理图页面】。用于选择要标识的原理图文件。单击【全部开启】按钮，选中所列出的所有文件；单击所需文件前面的复选框，选中个文件；单击【全部关闭】按钮，取消所有的选择。

②【注释范围】。用于设置选中的原理图中参与自动标识的元件范围，有3种选择，即【All】（全部元件）、【Ignore Selected Parts】（不标识选中的元件）和【Only Selected Parts】（只标识选中的元件）。

③【启动索引】。用于设置起始下标，系统默认为1。可选该复选框后，单击右侧的增减按钮，或者直接在文本框中输入数字即可改变设置。

④【后缀】。该栏中输入的字符将作为标识的后缀添加在标识后面。

📖 操作实例

以图3-24所示发光二极管和限流电阻为例，讲述元器件自动标识的具体过程。

（1）选择要进行自动标识元器件的原理图。

（2）选择标识的顺序和参照的参数，在【注释】对话框中单击【Reset All】（全部重新标识）按钮，对标识进行重置，弹出【Imformation】（信息）对话框，提示用户标识发生了哪些变化。单击"OK"（确定）按钮，重置后，所有的元件标识将被消除。

（3）单击【更新更改列表】按钮，弹出如图3-25所示的"Imformation"（信息）对话框，提示用户相对前一次状态和相对初始状态发生的改变。单击【OK】（确定）按钮，元件标识将被重新设置。

（4）单击【接受更改】按钮，在弹出的【工程更改顺序】对话框中更新修改，如图3-26所示。

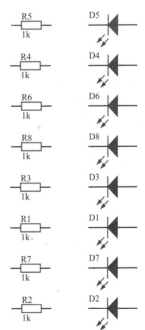

图3-24　自动标识前的发光
二极管和限流电阻

图3-25 【Imformation】(信息)对话框

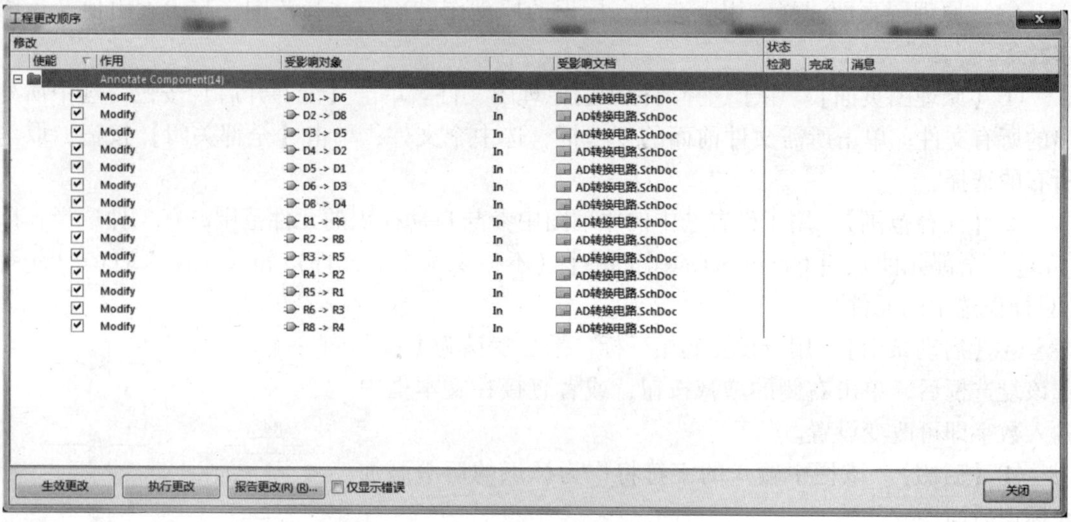

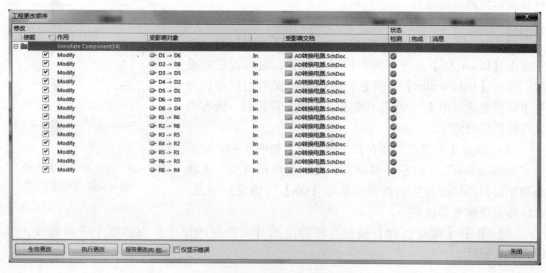

图3-26 【工程更改顺序】对话框

(5) 在【工程更改顺序】对话框中单击【生效更改】按钮,验证修改的可行性,如图3-27所示。

图3-27 修改的可行性验证窗口

（6）单击【报告更改】按钮，弹出如图3-28所示的【报告预览】对话框，在其中可以将修改后的报表输出。单击【输出】按钮，可以将该报表进行保存；单击【打开报告】按钮，可以将该报表打开；单击【打印】按钮，可以将该报表打印输出。

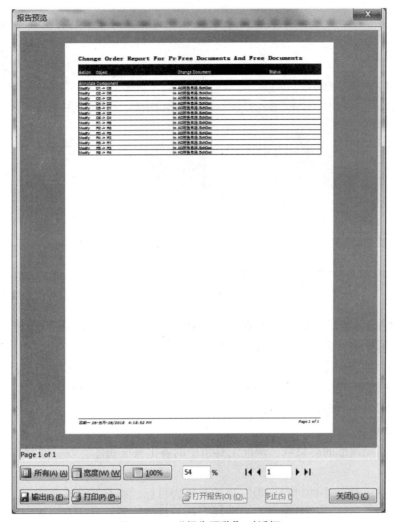

图3-28　"报告预览"对话框

（7）单击【工程更改顺序】对话框中的【执行更改】按钮，即可执行修改，如图3-29所示，完成元件的重新标识。

按照【Up Then Across】规则完成自动标识后的发光二极管和限流电阻如图3-30所示。

三、元器件的排列与对齐

元件进行连线之前，需要根据原理图的整体布局对元件的位置进行一定的调整，以便于连线，同时也使绘制的电路图更为清晰、美观。元件位置的调整主要包括元件的移动、元件方向的设定和元件的排列等操作。

1. 元器件的选取

首先选中要排列的元件，通常有以下3种方法。

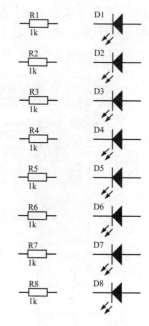

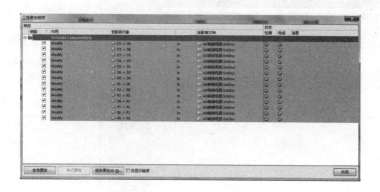

图3-29　执行修改后的【工程更改顺序】对话框

图3-30　自动标识后的发光
二极管和限流电阻

方法1：单击【原理图标准】工具栏中的 图标，光标变为十字形，将需调整的元件包围在一个矩形框中，单击鼠标左键后选取。

方法2：按住【Shift】键，光标指向要选取的元件，逐一单击，将需调整的元件同时选中。

方法3：在原理图的适当位置处按住鼠标左键不放，光标变为十字形，将需调整的元件包围在一个矩形框中，单击鼠标左键后选取。

2．元器件对齐

只有选择需要调准的对象后，调准工具组中的各工具按钮才有效，通常有以下几种方案供选择。

（1）左对齐：将选中的对象以最左边的对象为目标，所有器件左对齐；

（2）右对齐：将选中的对象以最右边的对象为目标，所有器件右对齐；

（3）水平中心排列：将选中的对象以水平中心的对象为目标进行垂直对齐排列；

（4）水平等距分布：将选中的对象沿水平方向等距离均匀分布；

（5）顶部对齐：将选中的对象以最上边的对象为目标顶部对齐；

（6）底部对齐：将选中的对象以最下边的对象为目标底部对齐；

（7）垂直中心排列：将选中的对象以垂直中心的对象为目标进行水平对齐排列；

（8）垂直等距分布：将选中的对象沿垂直方向等距离均匀分布；

（9）排列对象到当前网格：网格打开时，将选中的对象排列到网格上。

左对齐通常有以下2种方法。

方法1：在菜单栏中执行【编辑】/【对齐】/【左对齐】命令，将所选元件组左对齐，执行【编辑】/【对齐】/【垂直分布】命令，设置所选元件垂直间距相等。

方法2：在编辑窗口中按【A】键，在弹出的菜单中选择【左对齐】命令，将所选元件组左对齐,再按下【A】键,在弹出的菜单中选择【垂直分布】命令,设置所选元件垂直间距相等。

分别对齐限流电阻和发光二极管后的效果如图3-31所示。

四、元器件编辑的高级操作

Altium Designer 16 提供了元器件编辑的高级操作,帮助用户完成高效率的编辑,此时用到一些特色工作面板,如【SCH Inspector】(检查器)面板、【SCH Filter】(过滤器)面板、【SCH List】面板等。

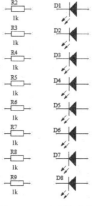

图3-31 元件对齐

1.【SCH Inspector】面板

【SCH Inspector】面板主要用于实时显示在原理图中所选取对象的属性,如类型、位置、名称等,用户可以直接通过该面板对各种属性进行编辑修改。打开【SCH Inspector】面板的方法如下。

方法1:在菜单栏中执行【查看】/【工作区面板】/【SCH】/【SCH Inspector】命令。

方法2:单击右下角面板标签中的 SCH 按钮,在弹出的菜单中选择【SCH Inspector】命令。

执行以上操作,打开【SCH Inspector】面板,如图3-32所示。在使用【SCH Inspector】面板前,应完成以下两项设置。

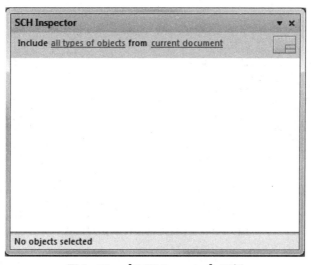

图3-32 【SCH Inspecter】面板

第一,设定可以显示属性的对象范围,单击【SCH Inspector】面板右侧的蓝色内容(如"current document"),在弹出的菜单中有3种选择:【current document】用于当前的原理图文件,【open documents】用于所有打开的原理图文件,【open documents of the same project】用于同一工程中所有打开的原理图文件。

第二,设定可以显示属性的对象类型,单击【all types of objects】超链接,打开一个选择窗口,该窗口列出了所有可显示对象的类型,如标识符等。其中,【显示所有对象】对于原理图中任一选取对象,不管类型如何,其属性都可实时在【SCH Inspector】面板上显示出来;【仅显示】用户可以设置只显示哪几种类型对象的属性。

1）查找相似对象

使用【SCH Inspector】面板可以同时编辑多个被选对象的属性，修改这些对象的某一个或多个属性参数，如隐藏元件的注释、改变元件标称值等。编辑多个对象的属性时，首先要查找并选中多个具有某些相似属性的对象，其方法如下。

方法1：在菜单栏中执行【编辑】/【查找相似对象】命令，光标变为十字形，移动光标到某个参考对象上，单击鼠标左键，弹出【发现相似目标】对话框。

方法2：将光标指向某个参考对象上，单击鼠标右键，在弹出的快捷菜单中执行【查找相似对象】命令，弹出【发现相似目标】对话框。

【发现相似目标】窗口如图3-33所示，该窗口有5栏内容，具体如下。

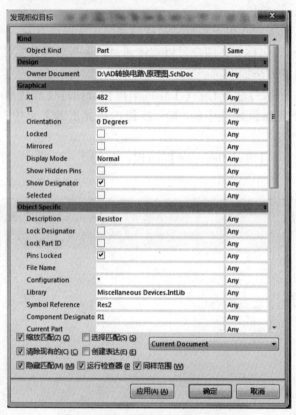

图3-33　【发现相似目标】对话框

（1）【Kind】栏：显示当前选取对象的类型，如元件（Part）、总线（Bus）、网络标号（Net Label）等。

（2）【Design】栏：显示当前选取对象所在的原理图文件。

（3）【Graphical】栏：显示当前选取对象的图形属性，包括位置、方向、是否锁定、是否镜像、是否显示隐藏引脚等。

（4）【Object Specific】栏：显示当前选取对象的一些非图形特征属性，如 Description（描述）、Pins Locked（引脚锁定）、Library（库）、Component Designator（元件标示符）、Current Footprint（当前封装）等。

（5）【Parameter】栏：显示当前选取对象的一些普通参数。用户可以单击该栏中的 Add User Parameter 选项，激活右侧的文本栏，添加自定义参数。

2）修改属性

如果要修改某一项属性，只需单击相应的参数栏，即可进入相应的属性编辑状态。在每一属性列表栏的右侧查找条件设置，对需要查找的对象与当前选取的参考对象之间的关系进行设置。

（1）单击每一栏右侧的 □ 按钮，其查找条件设置有3种。

①Any：不限制查找对象与参考对象的关系；

②Same：查找对象与参考对象类别相同；

③Different：查找对象与参考对象类别不同。

（2）单击右下角的 □ 按钮，可以设置查找对象的范围，其选择有2种，具体如下。

①Current Document：当前文件；

②Open Documents：所有打开的文件。

（3）复选框功能有6个，具体如下。

①缩放匹配：设定系统是否将条件匹配的队形自动缩放以突出显示，系统默认勾选；

②选择匹配：设定是否将条件匹配的对象全部选中，全局编辑时应勾选；

③清除现有的：设定是否清除现有的查找条件，系统默认自动清除；

④创建表达：设定是否为当前设置的查找条件创立一个过滤器表达式；

⑤隐藏匹配：设定是否将条件匹配对象高亮显示，同时屏蔽其他条件不匹配的对象，系统默认勾选；

⑥运行检查：设定是否在执行【查找相似对象】命令的同时启动【SCH Inspector】面板，系统默认勾选。

📖 **操作实例**

利用【SCH Inspector】面板将图3-31所示的限流电阻的标称值由1k改为100，其操作过程如下。

（1）将光标指向任一限流电阻的标称值1k上，单击鼠标右键，在弹出的快捷菜单中执行【查找相似对象】命令，弹出【发现相似目标】对话框。

（2）在【Object Specific】栏中找到【Value】属性列表栏，显示为"1k"，相应的查找条件设置为"Same"。勾选【缩放匹配】【选择匹配】【清除现有的】【隐藏匹配】【运行检查】5个复选框，并设定查找范围为"Current Document"。

（3）单击【应用】按钮，系统开始查找，原理图中所有限流电阻元件的1k标称值均被选中，其余标称值变为浅色，并被屏蔽。

（4）单击【确定】按钮，打开【SCH Inspector】面板，显示查找的结果。在【Object Specific】栏中找到【Value】属性列表栏，将"1k"改为"100"，如图3-34所示。

（5）关闭【SCH Inspector】面板，单击编辑窗口右下角的【清除】按钮，取消掩膜功能。

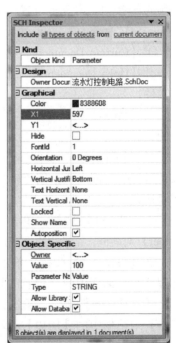

图3-34　修改电阻值的
【SCH Inspector】面板

2.【SCH Filter】面板

使用【查找相似对象】命令可以查找多个具有相同或相似属性的对象，并对其进行编辑或修改，既方便又灵活。但是这一功能本身能够查找的属性有限，而且不能实时查看编辑后的结构。将【SCH Filter】面板与【SCH List】面板结合起来使用：采用【SCH Filter】面板进行更广范围的快速过滤查找，通过【SCH List】面板浏览查找的结果，并快速完成多个对象的属性编辑，能够解决上述问题。

通常有以下2种方法。

打开【SCH Filter】面板

方法1：在菜单栏中执行【查看】/【工作区面板】/【SCH】/【SCH Filter】命令。

方法2：单击面板标签中的 SCH 按钮，在弹出的菜单中选择【SCH Filter】。

执行以上操作后，将会打开【SCH Filter】面板，如图3-35所示。

（1）【Limit search to】组：设置过滤的对象范围，有3个单选按钮，系统默认选中 All objects。

①【All Objects】单选按钮：全部对象；

②【Selected Objects】单选按钮：仅限于选中对象；

③【Non Selected Objects】单选按钮：仅限于未选中对象。

（2）考虑对象下拉按钮：设置文件范围。单击右侧的 ▾ 按钮，有3种设置，系统默认为【Current Document】命令。

①【Current Document】命令：当前文件；

②【Open Documents】命令：所有打开的原理图文件；

③【Project Documents】命令：工程中所有打开的文件。

（3）【Find items matching these criteria】文本区域：过滤语句输入栏，用于输入表示过滤条件的语句表达式。

①【Helper】按钮：单击该按钮弹出【Query Helper】对话框，帮助用户完成过滤语句表达式输入；

②【Favorites】按钮：单击该按钮弹出【语法管理器】对话框中的【中意的】选项卡；

③【History】按钮：单击该按钮弹出【语法管理器】对话框中的【历史】选项卡。

图3-35 【SCH Filter】面板

（4）【Objects passing the filiter】组：设置符合过滤条件的对象显示方式。

①【Select】复选框：勾选该复选框，条件匹配的对象被选中显示；

②【Zoom】复选框：勾选该复选框，条件匹配的对象被自动变焦显示。

（5）【Objects not passing the filiter】组：设置不符合过滤条件的对象显示方式。

①【Deselect】复选框：勾选该复选框，条件不匹配的对象被置于非选中状态；

②【Mask Out】复选框：勾选该复选框，条件不匹配的对象被掩膜，即颜色变浅。

取消过滤状态的方法有以下2种。

方法1：单击【原理图标准】工具栏中的 图标；

方法2：单击编辑窗口右下角的【清除】按钮。

3.【SCH List】面板

使用【SCH Filter】面板进行过滤查找后，其查找结果除了在编辑窗口内直接显示外，用户还可以使用【SCH List】面板对查找结果进行系统的浏览，并且可以对有关对象的属性直接编辑修改。打开【SCH List】面板通常有以下2种方法。

方法1：在菜单栏中执行【察看】/【WorkSpace Panels】/【SCH】/【SCH List】命令。

方法2：单击右下角面板标签中的 SCH 按钮，在弹出的菜单中选择【SCH List】命令。

【SCH List】面板如图3－36所示，该面板顶部4项相关设置如下。

SCH List									▼ ×
View selected objects 从 ... current document Include all types of objects									
Object Kind	X1	Y1	Orientation	Owner	Color	Text	FontId	Horizontal Justification	Vertical Justification
Designator	595	508	0 Degrees	R2	8388608	R2	[Font]	Left	Bottom
1 Objects (1 Selected)									

图3－36 【SCH List】面板

（1）工作状态，有2种选择，系统默认为"View"。

①【View】：视图状态；

②【Edit】：编辑状态。

（2）显示对象，有3种选择，系统默认为"selected objects"。

①【non－masked objects】：未掩膜的对象；

②【selected objects】：选中的对象；

③【all objects】：所有对象。

（3）显示对象所在的文件范围，有3种选择，系统默认为"current document"。

①【current document】：当前的原理图文件；

②【open documents】：所有打开的原理图文件；

③【open documents of the same project】：同一工程中所有打开的原理图文件。

（4）显示对象的类型，有2种选择，系统默认为"all types of objects"。

①【all types of objects】：显示全部类型对象；

②【仅显示】：显示部分类型对象。

根据设置在面板窗口中列出相应对象的各类属性，如位置、方向、元件标识符等。

📖 操作实例

利用【SCH Filter】面板和【SCH List】面板，将图3－32所示限流电阻的标称值由"1k"改为"100"，操作过程如下：

（1）在菜单栏中执行【SCH】/【SCH Filter】命令，打开【SCH Filter】面板，使用

【Query Helper】对话框，在【Find items matching these criteria】栏中输入过滤语句表达式"ParameterValue = '1k'"；

（2）单击【Apply】按钮，启动过滤查找，在编辑窗口内，所有参数值"1k"高亮显示，并且处于选中状态；

（3）打开【SCH List】面板，可以看到8个符合过滤条件的元件，它们的各项属性在面板上显示，包括当前的参数值；

（4）将【SCH List】面板工作状态由"View"改为"Edit"，在【Value】属性列中选择任一参数值"1k"，单击两次，进入在线编辑状态，输入新的参数值"100"；

（5）选中修改的参数值"100"，单击鼠标右键，在弹出的快捷菜单中执行【复制】命令，将其复制到剪贴板上；

（6）在任一参数值上单击鼠标右键，在弹出的快捷菜单中执行【选择纵列】命令，将【Value】列中的参数值全部选中；

（7）在任一参数值上单击鼠标右键，在弹出的快捷菜单中执行【粘贴】命令，将"100"粘贴到【Value】列中，编辑窗口内高亮显示的所有参数值同时修改为"100"；

（8）关闭【SCH List】面板，单击编辑窗口右下角的【清除】按钮，解除屏蔽。

项目知识三　绘制总线与放置网络标号

元件除了用导线连接外，还可以通过总线、总线入口和网络标号建立连接。

一、绘制总线

1．总线

总线是若干条具有相同性质信号线的组合，如数据总线、地址总线和控制总线等。总线没有任何实质的电气连接意义，只是为了绘图和读图方便而采取的简化连线的表现形式。绘制总线的方法有以下2种。

方法1：在菜单栏中执行【放置】/【总线】命令。

方法2：单击【布线】工具栏中的【绘制总线】图标 ⚡。

放置总线时光标变为十字形，移动光标到欲放置总线的起点位置，单击鼠标左键，确定总线的起点，然后拖动鼠标绘制总线；在每一个拐点处都需要单击鼠标左键确认，用【Shift】键+空格键切换拐弯模式；到达适当位置后，再次单击鼠标左键确定总线的终点，完成总线的绘制；单击鼠标右键或按【Esc】键退出总线的绘制状态。双击所绘制的总线，弹出【总线】对话框，进行相应的属性设置。

2．总线入口

总线入口是单一导线与总线的连接线，使用总线入口把总线和具有电气特性的导线连接起来，可以使电路原理图美观、清晰且具有专业水准。总线入口也不具有任何电气连接的意义。放置总线入口的方法有以下2种。

方法1：在菜单栏中执行【放置】/【总线入口】命令。

方法2：单击【布线】工具栏中的【放置总线入口】图标 ⬉。

放置总线入口时光标变为十字形，并带有总线入口"／"或"＼"标志，按空格键调整总线入口的方向（45°、135°、225°、315°），移动光标到需要的位置处；连续单击鼠标左键，即可完成总线入口的放置；单击鼠标右键或按【Esc】键退出放置状态。双击所放置的导线入口或在绘制状态下按【Tab】键，弹出【总线入口】对话框，可以设置相关参数。

二、放置网络标号

网络标号具有实际电气连接意义，相同网络标号的导线或元件引脚不管在图上是否连接在一起，其电气关系都是连接在一起的。在连接线路比较远或者线路过于复杂而使连接困难时，使用网络标号代替实际连线可以大大简化原理图。放置总线入口的方法有以下2种。

方法1：在菜单栏中执行【放置】/【网络标号】命令。

方法2：单击【布线】工具栏中的【放置网络标号】图标 Net1 。

放置网络标号时光标变为十字形，并附带一个初始标号"NetLabel1"，将光标移动到需要放置网络标号的总线或导线上，当出现红色米字标志时，表示光标已捕捉到该导线，单击鼠标左键即可放置一个网络标号；移动光标到其他位置，可以进行连续放置，单击鼠标右键或按【Esc】键可以退出放置状态。双击所放置的网络标号或在放置状态下按【Tab】键，弹出【网络标签】对话框，在【网络】文本框输入网络标号的名称，也可以设置放置方向和字体等。

项 目 实 施

步骤1：创建 PCB 工程

启动 Altium Designer 16 软件，创建名为"AD 转换电路"的 PCB 工程，如图 3 - 37 所示。

步骤2：添加原理图文件

在菜单栏中执行【文件】/【新建】/【原理图】命令，为步骤1创建的 PCB 工程添加名为"AD 转换电路"的原理图文件，如图 3 - 38 所示。

图 3 - 37　创建的 PCB 工程

图 3 - 38　添加原理图文件

步骤3：添加原理图库文件

在菜单栏中执行【文件】/【新建】/【库】/【原理图库】命令，为步骤1创建的PCB工程添加名为"AD转换电路"的原理图库文件，如图3-39所示。

步骤4：绘制原理图库文件

在菜单栏中执行【察看】/【Workspace Panels】/【SCH】/【SCH Library】命令，或者单击【SCH Library】选项卡，进入元件库编辑器界面，如图3-40所示。

根据"项目知识一"的内容，使用图形工具绘制图3-1所示电路图中的"ADC1001"和"TL074"元件，如图3-41所示。

图3-39 添加原理图库文件

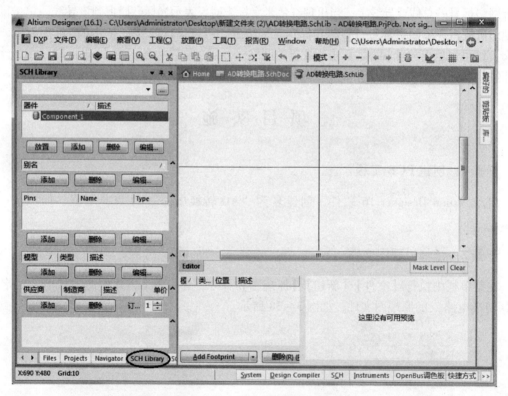

图3-40 元件库编辑器界面

步骤5：放置元件并设置属性

（1）选择【元件库】编辑管理器面板中的"ADC1001"元件，单击【放置】按钮，将元件放置在建立的原理图中，如图3-42所示。

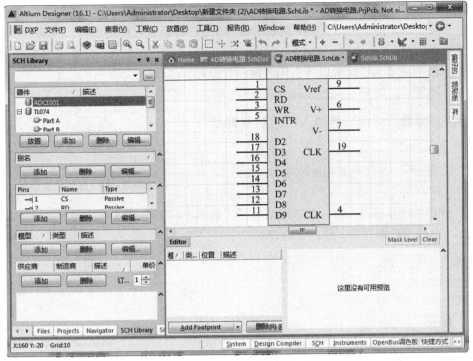

图3-41　绘制的"ADC1001""TL074"元件

利用相同的方法,放置"TL074"元件。

(2) 在原理图编辑窗口中单击系统右侧的【元件库】标签,打开【元件库】面板,如图3-43所示。

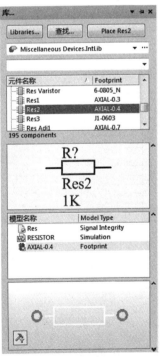

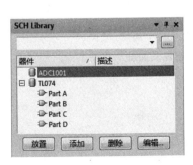

图3-42　放置库元件　　　　　　　　图3-43　元件【库】面板

（3）选中需放置的元件，如 Res2，单击"Place Res2"按钮，光标指针变成十字形状并浮动一个要放置的元件，如图 3 - 44 所示。按【Tab】键设置元件的属性，并将元件放置在原理图的适当位置。

（4）重复上述步骤依次放置所有元器件，并设置所有元器件的属性，如图 3 - 45 所示。

步骤 6：导线、总线、总线入口绘制及网络标号放置

（1）绘制导线，放置电源和接地端子，如图 3 - 46 所示。

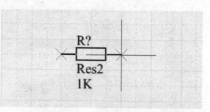

图 3 - 44　放置元件状态

（2）绘制总线及总线入口，放置网络标号，如图 3 - 47 所示即可。

至此，电路图绘制完毕，保存文件即可。

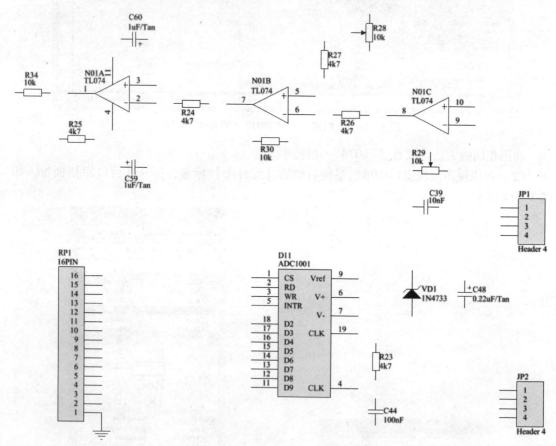

图 3 - 45　所有元件放置与属性设置图

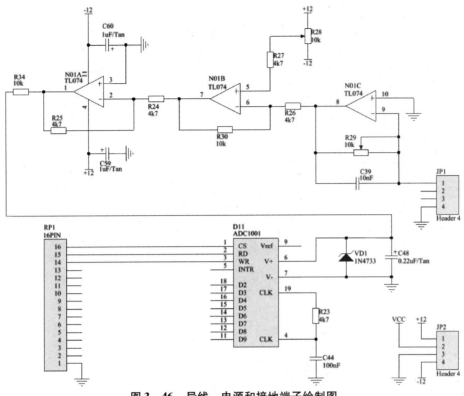

图 3-46　导线、电源和接地端子绘制图

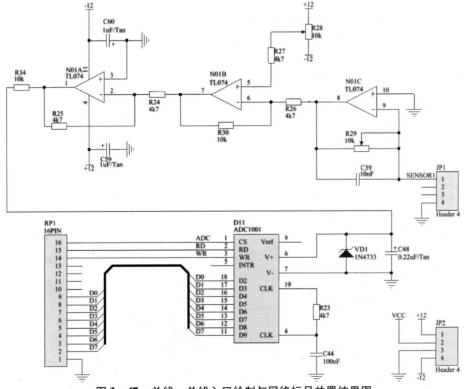

图 3-47　总线、总线入口绘制与网络标号放置结果图

项 目 训 练

1. 绘制如图 3 - 48 所示的 PC 机并行口连接的 A/D 转换电路原理图。

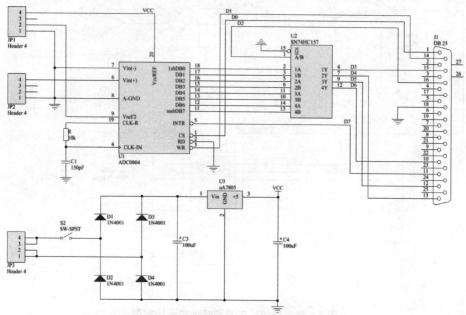

图 3 - 48　PC 机并行口连接的 A/D 转换电路

2. 绘制如图 3 - 49 所示的优先编码器组成的电路原理图。

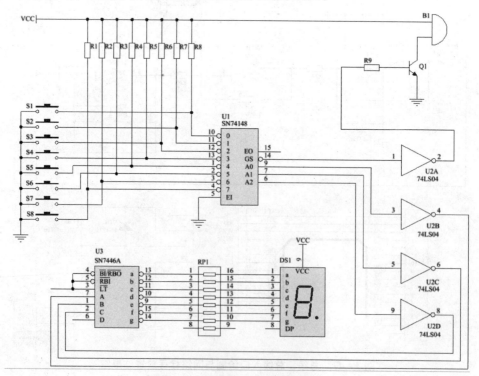

图 3 - 49　优先编码器组成的电路

3. 绘制如图 3 – 50 所示的时钟电路原理图。

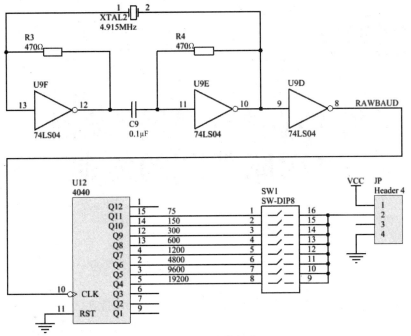

图 3 – 50　时钟电路

4. 绘制如图 3 – 51 所示的单片机应用电路原理图。

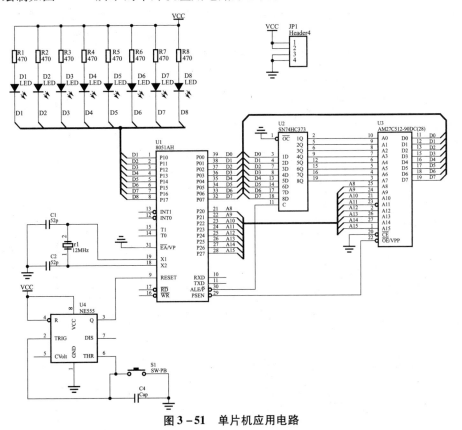

图 3 – 51　单片机应用电路

项目四

红外遥控信号转发器
层次原理图的绘制

● 项目引入

在设计电路原理图的过程中，有时会遇到电路比较复杂的情况，用一张电路原理图来绘制显得比较困难，此时可以采用层次电路来简化电路图。层次电路就是将一个较为复杂的电路原理图分成若干个模块，每个模块可以再分成几个基本模块，各个基本模块可以由工作组成员分工完成，从而提高设计效率。

本章以红外遥控信号转发器设计为例介绍层次电路设计方法。红外遥控信号转发器电路如图4-1所示，使用层次电路的设计方法简化电路，将电路从图中虚线处分为"红外遥控信号转发器图1.SchDoc"和"红外遥控信号转发器图2.SchDoc"两个模块。

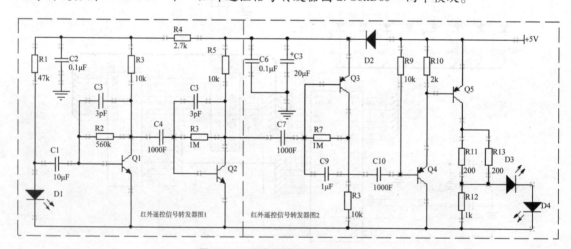

图4-1　红外遥控信号转发器电路

● 项目目标

（1）会绘制端口、图形端口、方块图；

（2）掌握顶层电路图和子图之间的结构关系及切换操作；

（3）会使用自底向上和自顶向下的方法绘制层次原理图。

●项目知识

项目知识一　层次原理图简介

层次原理图的设计是一种模块化的设计方法，它将整个电路划分成多个功能模块，分别绘制在多张图纸中，也就是把整个项目原理图用若干个子图来表示。下面以图 4 - 2 所示的仿真电路的层次原理图为例来讲解层次原理图的有关概念。

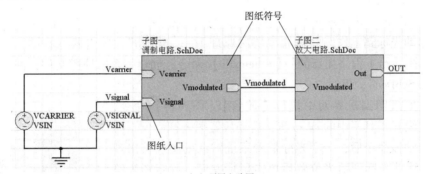

（a）顶层电路图

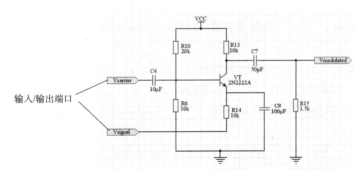

（b）子图一

图 4 - 2　仿真电路

图中各部分的名称及含义如下。

（1）图纸符号：代表本图下一层的子图，每个图纸符号都与特定的子图相对应，它相当于封装了子图中的所有电路，从而将一张原理图简化为一个符号。

（2）图纸入口：图纸符号的输入/输出端口，是图纸符号所代表的下层子图与其他电路连接的端口。

（3）输入/输出端口：连接层次原理图的子图与上层的原理图。子图的输入/输出端口必须与代表它的图纸符号的端口相对应。

（4）子图：图纸符号所对应的层次原理图的子图。

项目知识二　层次原理图的设计

在 Altium Designer 16 中，与层次原理图相对应的层次化设计方法有自上而下的设计方法和自下而上的设计方法两种形式。

一、自上而下设计层次原理图

自上而下的设计是指先建立一张系统总图，用图纸符号代表它的下一层子系统，然后分别绘制各个图纸符号对应的子电路图。下面以图 4 - 2 所示的仿真电路为例讲述层次原理图的绘制过程。

1. 建立层次原理图总图

（1）启动 Altium Designer 16，创建名为"层次原理图一"的 PCB 工程。

（2）移动光标到工作区面板的"层次原理图一 . PrjPcb"，单击鼠标右键，在弹出的快捷菜单中选择【给工程添加新的】/【Schematic】命令，创建一个原理图文件，并将其命名为"仿真电路 . SchDoc"，保存。

（3）在原理图编辑界面中执行【放置】/【图表符】命令，或单击【配线】工具栏中的 ▦ 按钮，启动放置图表符命令。

（4）启动该命令后，十字光标带着系统默认的图表符出现在绘图区。移动光标到适当位置后单击鼠标左键，确定图表符的左上角，接着移动光标调整图表符的大小，再次单击鼠标左键确定图表符的右下角，完成一个图表符的放置。放置好的图表符如图 4 - 3 所示。

图 4 - 3　放置好的图表符

（5）双击已放置的图表符，在弹出的如图 4 - 4 所示的【方框符号】对话框中对其边框颜色、线宽、填充色等属性进行设置其中，【标识】文本框设置为"子电路图一"，【文件名】文本框设置为"调制电路 . SchDoc"，其他选项采用默认设置。设置结束后，单击【确定】按钮。

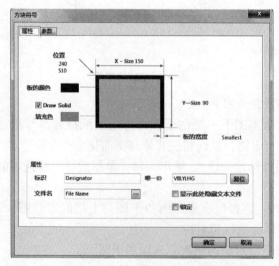

图 4 - 4　【方框符号】对话框

（6）采用同样的方法放置另一个图表符，设置其【标识】为"子电路图二"，【文件名】为"放大电路.SchDoc"。放置好的两个图纸符号如图4-5所示。

（7）在菜单栏中执行【放置】/【添加图纸入口】命令，或单击【配线】工具栏中的 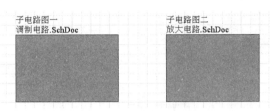 按钮，放置图纸入口。

图4-5　放置好的两个图纸符号

（8）执行该命令后，移动十字光标到图表符中的适当位置，十字光标上将出现一个图纸入口，按下【Tab】键，弹出【方块入口】对话框，将【类型】设置为"Right"，【名称】设置为"Vcarrier"，【I/O类型】设置为"Input"，如图4-6所示。

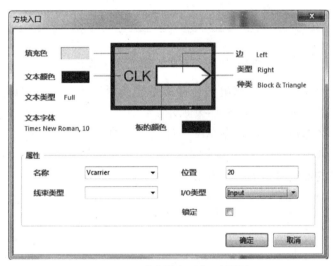

图4-6　【方块入口】对话框

（9）设置结束后，单击【确定】按钮，然后移动光标到适当位置单击鼠标左键，将图纸入口"Vcarrier"放置在该处，如图4-7所示。此时光标仍处于放置图纸入口状态，可连续放置图纸入口，单击鼠标右键退出该命令状态。放置好的图纸入口如图4-2所示。

（10）绘制导线。将具有电气连接关系的图纸符号入口用导线或总线连接起来。完成的层次原理图总图如图4-2（a）所示。

2．绘制原理图子图

（1）在菜单栏中执行【设计】/【产生图纸】命令，光标变成十字形状。将十字光标移到图纸符号"调制电路.SchDoc"上单击鼠标左键，系统会自动为"子电路图一"的图表符创建一个子原理图，该原理图的名称为"调制电路.SchDoc"。根据在图表符中放置的图纸入口，系统自动在该原理图中生成3个与图表符"子电路图一"相对应的输入/输出端口。创建好的子图如图4-8所示。

图4-7　放置图纸入口
"Vcarrier"

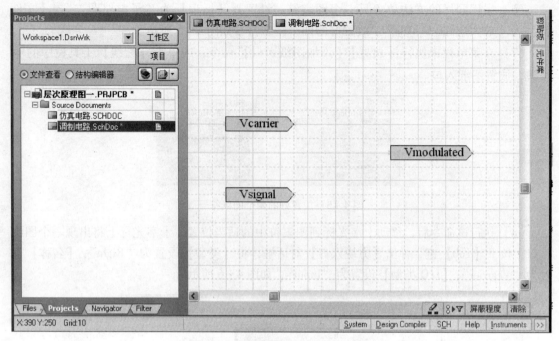

图4-8 系统自动创建的子电路图一

（2）加载相应的元件库，按照电气连接关系完成原理图子图一"调制电路.SchDoc"。绘制好的"调制电路.SchDoc"如图4-9所示。

（3）单击工作区面板上的原理图总图文件名"仿真电路.SchDoc"，或单击工具栏上的按钮 ，移动光标到原理图中任意一个图纸入口上单击鼠标左键，切换到原理图总图界面。

（4）采用相同的方法绘制子电路图二"放大电路.SchDoc"并保存。绘制好的子电路图二"放大电路.SchDoc"如图4-10所示。

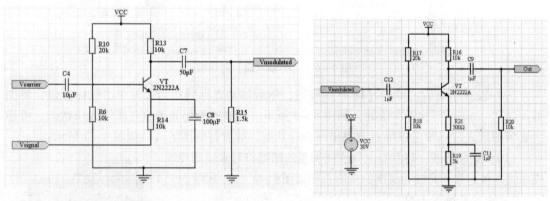

图4-9 调制电路.SchDoc　　　　　图4-10 放大电路.SchDoc

（5）保存项目文件，完成自上而下的层次原理图的设计。

二、自下而上设计层次原理图

自下而上的设计是指先建立底层电路原理图，然后再由这些子原理图产生图纸符号，从而产生上层原理图，最后生成系统的原理总图。下面仍以图2-2所示"仿真电路.SchDoc"为例介绍该方法，具体操作步骤如下。

（1）启动Altium Designer 16，创建名为"层次原理图二"的PCB工程。

（2）移动光标到工作区面板的"层次原理图二.PrjPcb"上单击鼠标右键，在弹出的快捷菜单中选择【给工程添加新的】/【Schematic】命令，创建一个文件名为"调制电路.SchDoc"的原理图文件作为子电路图一。

（3）进入原理图编辑界面，按照图4-9"调制电路.SchDoc"中的要求绘制完成该电路图。

（4）使用同样的方法在"层次原理图二.PrjPcb"项目中追加一个新的原理图文档作为子电路图二，并将其命名为"放大电路.SchDoc"，根据图4-10"放大电路.SchDoc"中的要求绘制完成该电路图。

（5）在该项目中再添加一个原理图文档作为层次原理图的顶层原理图，命名为"仿真电路.SchDoc"。

（6）在菜单栏中执行【设计】/【HDL文件或原理图生成图表符】命令，弹出【Choose Document to Place】对话框，如图4-11所示。

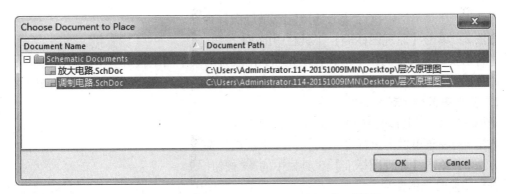

图4-11 【Choose Document to Place】对话框

（7）在该对话框中选中"调制电路.SchDoc"文件后单击【OK】按钮，系统自动生成一个图表符随光标一起出现在绘图区，并且在图表符内根据设计的底层电路原理图"调制电路.SchDoc"中的输入/输出端口自动添加相应的图纸入口。移动光标到适当位置后单击鼠标左键，在顶层原理图中放置"子电路图一"的图表符，如图4-12所示。

图4-12 在顶层原理图"仿真电路.SchDoc"中放置的图纸符号

（8）用同样的方法再生成另一个子电路图"放大电路.SchDoc"的图表符，并放置在顶层原理图的适当位置。

（9）调用仿真信号源库中的电压信号源，将具有电气连接关系的图表符入口用导线连接起来，完成层次原理图顶层电路图的绘制，如图4-13所示。

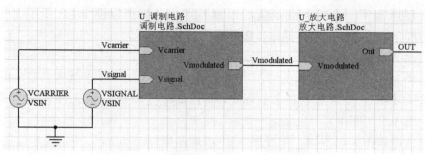

图 4 – 13   顶层电路图"仿真电路.SchDoc"

三、切换层次原理图

为了便于用户在层次电路之间进行切换，Altium Designer 16 提供了专门的切换命令，用于实现多张原理图的同步查看和编辑。

1. 方块图切换到子原理图

方块图切换到子原理图的方法通常有以下 2 种。

方法 1：在菜单栏中执行【工具】/【上/下层次】命令。

方法 2：单击【原理图标准】工具栏中的 ⬇⬇ 按钮。

进行切换时光标变为十字形，移动光标到图表符的某个图纸入口上单击鼠标左键，对应的子原理图被打开并显示在编辑窗口中，具有相同名称的输入/输出端口处于高亮显示状态。

2. 子原理图切换到方块图

子原理图切换到方块图的方法通常有以下 2 种。

方法 1：在菜单栏中执行【工具】/【上/下层次】命令。

方法 2：单击【原理图标准】工具栏中的 ⬇⬇ 按钮。

进行切换时光标变为十字形，移动光标到子电路图中的某个端口上单击鼠标左键，对应的方块图被打开，并显示在编辑窗口中，具有相同名称的图纸入口处于高亮显示状态。

项 目 实 施

步骤 1：新建项目文件

（1）新建一个名为"红外遥控信号转发器.PrjPcb"的 PCB 工程。

（2）新建两个原理图文件，分别保存为"红外遥控信号转发器图 1. SchDoc"和"红外遥控信号转发器图 2. SchDoc"，如图 4 – 14 所示。

步骤 2：绘制"红外遥控信号转发器图 1"

"红外遥控信号转发器图 1"采用自下而上的层次设计，操作过程如下。

图 4 – 14   新建的项目文件

（1）打开"红外遥控信号转发器图1.SchDoc"，在编辑环境中放置电阻、电容、发光二极管、三极管等元器件，并修改其参数和属性。

（2）在菜单栏中执行【放置】/【端口】命令，在相应位置放置输出端口，弹出【端口属性】对话框，在【名称】文本框中输入端口名称"P0"，将【I/O类型】设置为"Output"，其他采用默认设置，依次放置端口P1和P2。

（3）放置电源，并用导线将各元器件、端口、电源和接地端口进行电气连接，绘制完成后的"红外遥控信号转发器图1"如图4-15所示。

（4）打开"红外遥控信号转发器图1.SchDoc"，将其作为顶层原理图。

（5）执行【设计】/【HDL文件或图纸生成图表符】命令，弹出【Choose Document to Place】对话框，选择"红外遥控信号转发器图1"，单击【OK】按钮，关闭对话框。

（6）在"红外遥控信号转发器图1"原理图编辑环境中单击鼠标左键，放置生成的图表符。

（7）调整图表符的形状和大小，以及图纸入口位置，生成的图表符如图4-16所示。

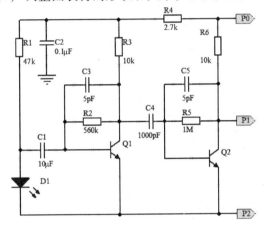

图4-15　红外遥控信号转发器图1

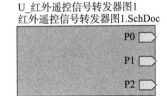

图4-16　生成的图表符

步骤3：绘制"红外遥控信号转发器图2"

"红外遥控信号转发器图2"采用自上而下的层次设计，其操作过程如下。

（1）打开"红外遥控信号转发器图2.SchDoc"。

（2）在菜单栏中执行【放置】/【图表符】命令，在适当位置绘制图表符，双击所放置的图表符，弹出【方块符号】对话框，在【标识】文本框中输入"U_红外遥控信号转发器图2"，在【文件名】文本框中输入"红外遥控信号转发器图2.SchDoc"，其他采用默认设置，单击【确定】按钮。

（3）在菜单栏中执行【放置】/【添加图纸入口】命令，在图表符内部的适当位置放置图纸入口，双击所放置的图纸入口，弹出【方块入口】对话框，在【名称】文本框中输入"P0"，将【I/O类型】设置为"Input"，其他采用默认设置，单击【确定】按钮。依次绘制其他两个图纸入口P1和P2。放置完成的图表符及图纸入口如图4-17所示。

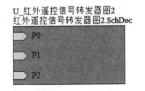

图4-17　放置图表符及图纸入口

（4）在菜单栏中执行【设计】/【产生图纸】命令，移动光标到"红外遥控信号转发器图2"图表符，单击鼠标左键，系统自动生成"红外遥控信号转发器图2"子原理图。

（5）在打开的"红外遥控信号转发器图2.SchDoc"编辑环境中放置电容、电阻、发光二极管、三极管等元器件，修改其参数及属性。

（6）放置电源及地端口，调整图纸入口的位置。

（7）利用导线将各元器件、电源及地端口、图纸入口等进行电气连接，绘制完的电路如图4-18所示。

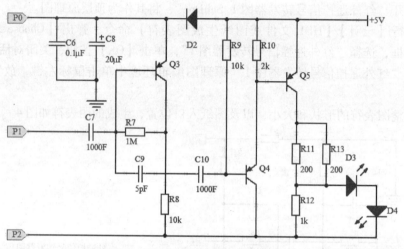

图4-18　红外遥控信号转发器图2

步骤4：绘制红外遥控信号转发器图

（1）打开"红外遥控信号转发器图"原理图编辑器。

（2）在菜单栏中执行【放置】/【线】命令，连接对应的图纸入口，完成顶层原理图绘制。完成的"红外遥控信号转换器图"如图4-19所示。

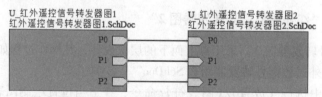

图4-19　红外遥控信号转发器图

步骤5：生成层次设计报表

1. 元器件交叉参考报表

元器件交叉参考报表主要用于将整个工程中的所有元件按照所属的原理图进行分组设计。它是元器件报表的一种，是以元件所属的原理图文件为标准进行分类统计的元件清单。因此，系统保存时默认采用同一个文件名，用户可以通过设置不同的文件名保存加以区分。

在菜单栏中执行【报告】/【Component Cross Reference】命令，弹出【Component Cross Reference Report For Project】对话框，如图4-20所示。

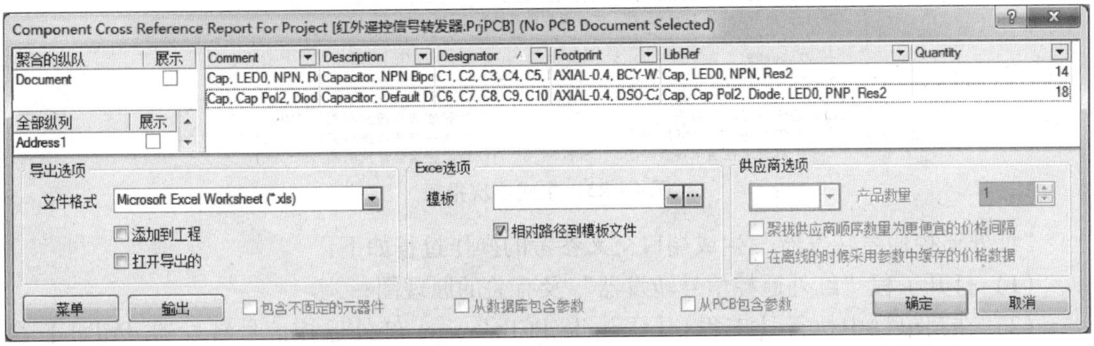

图 4-20　【Component Cross Reference Report For Project】对话框

系统将以【聚合的纵队】列表框属性信息为标准，对元件进行归类显示。设置好相应选项后，单击【菜单】按钮，在弹出的菜单中选择【报告】命令，弹出元器件交叉参考报表的【报告预览】对话框，单击【输出】按钮，保存报表。

按照上述操作，"红外遥控信号转发器"元器件交叉参考报表的【报告预览】对话框如图 4-21 所示。

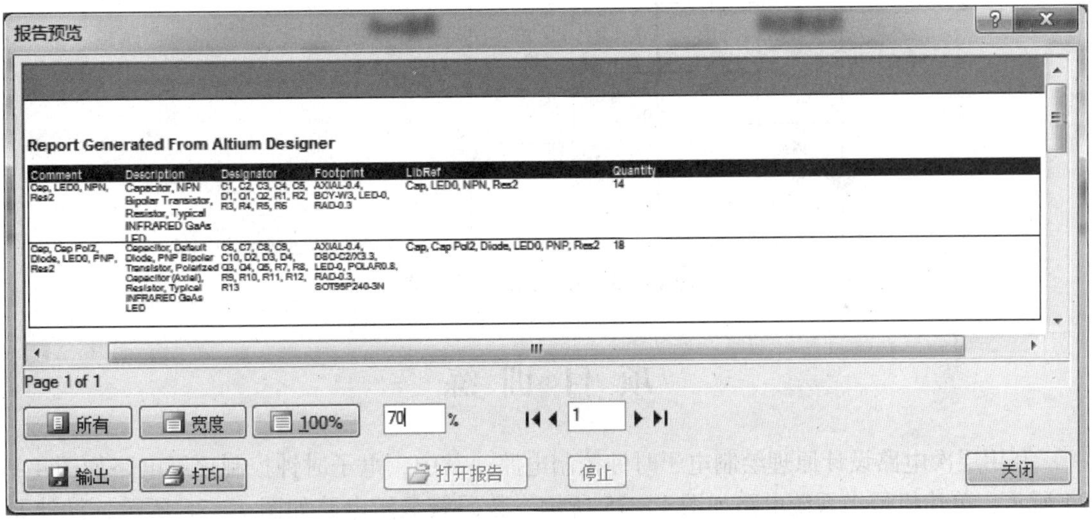

图 4-21　【报告预览】对话框

2. 层次报表

在多图纸设计中，各原理图之间的层次结构关系可以通过层次报表明确显示。

在菜单栏中执行【报告】/【Report Project Hierarchy】命令，生成有关某工程的层次报表，该层次报表与工程文件同名，后缀为 .Rep。双击该文件，系统转换到文本编辑器，可对该层次报表进行查看，生成的层次报表中使用缩进的格式明确地列出了工程中各个原理图之间的层次关系，原理图文件名越靠左，文件的层次越高。

按照上述操作，"红外遥控信号转发器"生成的层次报表如图 4-22 所示。

3. 端口交叉参考

端口交叉参考并不是一个独立的报表文件，而是作为一种标识，被添加在子原理图的输入/输出端口旁边，用于指示端口的引用关系。端口需要先对工程编译，才能进行有关操作。

```
-------------------------------------------------------------------
Design Hierarchy Report for 红外遥控信号转发器.PrjPCB
-- 2014/10/8
-- 22:06:59
-------------------------------------------------------------------

红外遥控信号转发器图             SCH        (红外遥控信号转发器图.SchDoc)
    U_红外遥控信号转发器图1       SCH        (红外遥控信号转发器图1.SchDoc)
    U_红外遥控信号转发器图2       SCH        (红外遥控信号转发器图2.SchDoc)
```

图4-22　生成层次报表

"红外遥控信号转发器"生成端口交叉参考的操作过程如下：

（1）打开工程"红外遥控信号转发器"及有关的原理图；

（2）在菜单栏中执行【工程】/【Compile PCB Project 红外遥控信号转发器.PrjPcb】命令，编译工程；

（3）在菜单栏中执行【报告】/【端口交叉参考】/【添加到工程】命令，在弹出的菜单中执行【添加到工程】命令，系统即为工程中的原理图添加端口交叉参考，如图4-23所示。

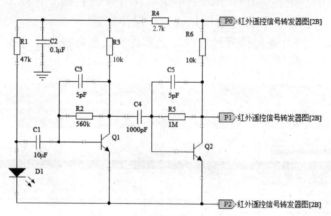

图4-23　添加端口交叉参考

项 目 训 练

利用层次电路设计原理绘制电子时钟控制电路，其中，电子时钟控制顶层电路如图4-24所示，单片机最小系统电路如图4-25所示，数码管显示电路如图4-26所示，设计要求如下：

（1）采用自上而下层次电路设计原理绘制"单片机最小系统"图表符并产生图纸；

（2）采用自下而上层次电路设计原理绘制"数码管显示电路"子原理图并产生图表符；

（3）完成顶层电路设计并编译工程；

（4）生成元器件交叉参考报表；

（5）生成层次报表；

（6）生成端口交叉参考。

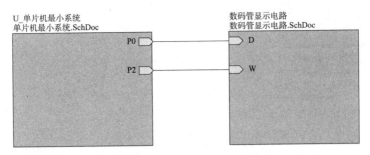

图 4-24　电子时钟控制顶层电路

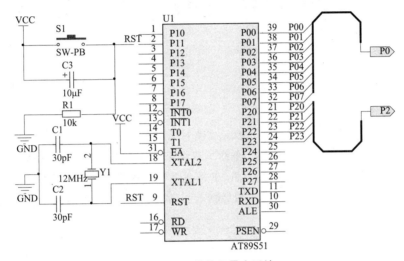

图 4-25　单片机最小系统

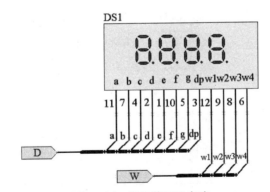

图 4-26　数码管显示电路

项目五

原理图的后续处理

≪≪≪≪≪

●项目引入

完成电路原理图的绘制之后，我们往往还需要对电路原理图进行进一步的编译、输出及存档等操作。本项目以8路抢答器电路为例，介绍工程编译、报表生成和工作文件输出、工程存档、智能PDF生成等操作，以及实用工具的应用。8路抢答器电路是常见的数字控制电路，主要由优先编码电路、锁存电路、译码显示电路、报警指示电路等部分组成，如图5-1所示。

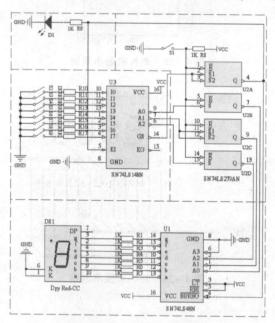

图5-1　8路抢答器电路

●项目目标

（1）会使用实用工具绘图；

（2）掌握工程编译操作；

（3）掌握生成报表操作；

（4）掌握输出工作文件操作；

（5）掌握工程存档操作；

（6）会生成智能 PDF。

● 项目知识

项目知识一 原理图的分区绘制与注释

在原理图编辑环境中，【实用】工具栏用于绘制各种标注信息，使电路原理图更清晰，数据更完整，可读性更强。【实用】工具栏中的图元包括折线、多边形、椭圆弧、贝塞尔曲线、文本字符串、文本框、矩形、圆角矩形、椭圆、饼形图和图像，它们均不具有电气连接特性。打开【实用】工具栏有以下 2 种方法。

方法 1：单击【实用】工具栏 ■ 图标。

方法 2：在菜单栏中执行【放置】/【绘图工具】命令。

一、折线绘制

在原理图中折线可以用来绘制一些注释性的图形，如表格、箭头、指示等，或者在编辑库元件时绘制元件的外形。折线在功能上不同于导线，它不具有电气连接特性。折线绘制过程如下：

（1）在菜单栏中执行【放置】/【绘图工具】/【线】命令，或单击【实用】工具栏中的【放置线】图标，光标变为十字形，单击鼠标左键确定线的起点；

（2）拖动鼠标开始绘制折线，需要拐弯时单击鼠标左键确定拐弯的位置，按空格键切换拐角的模式；

（3）在适当的位置单击鼠标左键确定线的终点，单击鼠标右键或按【Esc】键退出绘制状态；

（4）双击所绘制的折线，或在绘制状态下按【Tab】键，弹出相应的【PolyLine】对话框，对折线的外形、尺寸、线宽、排列风格、颜色等属性进行设置。这里我们设置【线种类】为"Dashed"，【颜色】为"红色"，其他采用默认设置，如图 5-2 所示。

优先编码电路利用折线进行分区后的结果如图 5-3 所示。

二、文本放置

为了增加原理图的可读性，方便用户之间交流，应放置文本进行文字说明，文本的放置有 3 种常见的方式，即放置文本字符串、放置文本框以及放置注释。放置文本字符串的操作过程如下。

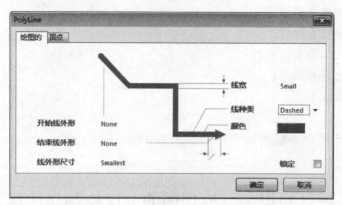

图5－2　【PolyLine】对话框

（1）在菜单栏中执行【放置】/【文本字符串】命令，或单击【实用】工具栏中的放置文本字符串图标 **A**，光标变为十字形，在适当位置单击鼠标左键确定放置位置。

（2）双击所绘制的文本字符串或在绘制状态下按【Tab】键，弹出【标注】对话框，对文本字符串的位置、颜色、方位、文本、字体等属性进行设置。这里我们设置颜色为黑色，并在【文本】框中输入"优先编码电路"，单击【更改】按钮，将字体修改为"加粗""小四号"，其他采用默认设置，如图5－4所示。

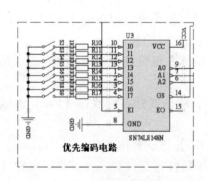

图5－3　优先编码电路分区　　　　　　　图5－4　属性设置

项目知识二　工程编译（电气规则检查）

电路原理图中各元件之间的连接代表了实际电路系统中的电气连接，因此，绘制电路原理图应遵守实际的电气规则。工程编译用来检查用户的设计文件是否符合电气规则，电气规则检查要查看电路原理图的电气特性是否一致、电气参数的设置是否合理等。Altium Designer 16 按照用户的设置进行编译后，会根据问题的严重性分别以错误、警告、致命错误等信息提醒用户注意，同时帮助用户及时检查并排除相应错误。

工程编译设置注意包括"Error Reporting"（错误报告）、"Connection Matrix"（连接矩阵）、"Comparator"（比较器）和"ECO Generation"（生成工程编号订单）等，以上设置都在【Options for PCB Project】对话框中完成。在 PCB 工程的菜单栏中执行【工程】/【工程参数】命令，弹出【Options for PCB Project】对话框，如图 5 – 5 所示。

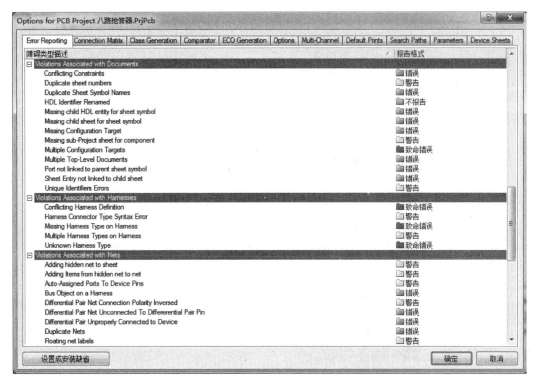

图 5 – 5 　【Options for PCB Project】对话框

一、Error Reporting（错误报告）

错误报告设置在【Error Reporting】选项卡中完成，用于设置各种违规类型的报告格式，违规类型共有以下 9 类：

（1）Violations Associated with Buses（与总线有关的违规类型），如总线标号超出范围、不合法的总线定义、总线宽度不匹配等；

（2）Violations Associated with Code Symbols（与代码符号有关的违规类型），如代码符号中入口名称重复、代码符号无导出功能等；

（3）Violations Associated with Components（与元件有关的违规类型），如元件引脚重复使用、元件模型参数错误、图纸入口重复等；

（4）Violations Associated with Configuration Constraints（与配置约束有关的违规类型），如配置中找不到约束边界、配置中约束连接失败等；

（5）Violations Associated with Documents（与文件有关的违规类型），如重复的图表符标识、无子原理图与图表符对应等；

（6）Violations Associated with Harnesses（与线束有关的违规类型），如线束定义冲突、线束类型未知等；

（7）Violations Associated with Nets（与网络有关的违规类型），如网络名称重复、网络标号悬空、网络参数未赋值等；

（8）Violations Associated with Others（与其他对象有关的违规类型），如对象超出图纸边界，对象偏离栅格等；

（9）Violations Associated with Parameters（与参数有关的违规类型），如同一参数具有不同的类型，同一参数具有不同的数值等。

对于每项具体的违规，有4种相应的错误报告格式，即"不报告""警告""错误"和"致命错误"，依次表明了违反规则的严重程度，并采用不同的颜色加以区分，用户可以逐项选择设置。

二、Connection Matrix（连接矩阵）

连接矩阵设置在【Connection Matrix】选项卡中完成，如图5–6所示。

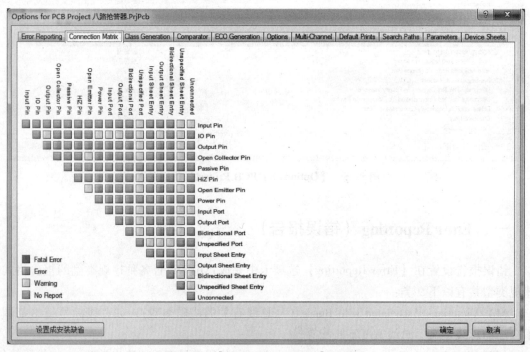

图5–6　【Connection Matrix】选项卡

【Connection Matrix】选项卡显示了各种引脚、端口、图纸入口之间的连接状态及相应错误类型的严重性设置。系统在进行电气规则检查时，将根据连接矩阵设置的错误等级生成ERC报告。例如，矩阵行中的Input Port（输入端口）与矩阵列中的Output Port（输出端口）的交叉点显示为绿色方块，表示一个输入端口和一个输出端口连接时，系统不给出任何报告。对于各种连接的等级，用户可以根据具体情况自行设置，其方法是单击相应连接交叉点处的颜色方块，通过颜色设定即可完成错误等级的设置。

三、Comparator（比较器）

比较器的参数设置在【Comparator】选项卡中完成，如图 5 – 7 所示。

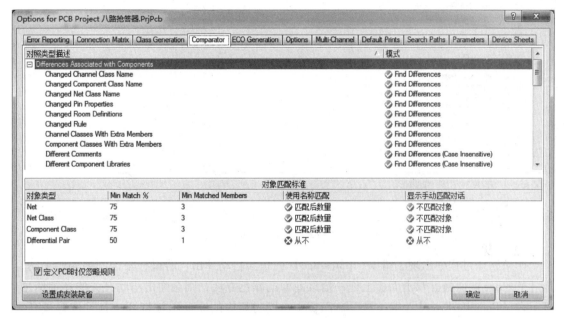

图 5 – 7　【Comparator】选项卡

【Comparator】选项卡所列出的参数共有 4 大类，其中，Differences Associated with Components 是与元件有关的差异，Differences Associated with Nets 是与网络有关的差异，Differences Associated with Parameters 是与参数有关的差异，Differences Associated with Physical 是与物理对象有关的差异。每一个大类列出了若干具体选项，对于每一选项在工程编译时产生的差异，用户可选择设置 Ignore Differences（忽略差异）或 Find Differences（查找差异），若设置查找差异，则工程编译后，相应项产生的差异将被列在【Messages】面板中。另外，在【Comparator】选项卡的下方，还可以设置对象匹配标准，此项设置将作为判别差异是否产生的依据。

四、ECO Generation（生成工程更改顺序）

ECO 参数设置在【ECO Generation】选项卡中完成，如图 5 – 8 所示。利用同步器在原理图文件与 PCB 文件之间传递同步信息时，系统将根据在工程更改顺序（ECO）内设置的参数来对工程文件进行检查。选项卡中有 3 种类型的更改，其中，Modifications Associated with Components 是与元件有关的更改，Modifications Associated with Nets 是与网络有关的更改，Modifications Associated with Parameters 是与参数有关的更改。每一类中包含若干选项，选项的模式设置为"产生更改命令"或"忽略不同"时不产生更改。

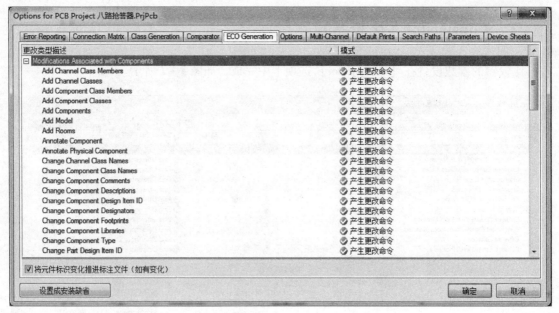

图5-8 【ECO Generation】选项卡

如果编译过程中出现了错误，【Message】面板会自动弹出，若仅存警告，则需要手动打开【Message】面板。双击面板上任一信息前面的颜色方块，则会弹出与此有关的详细信息，显示在【Compile Error】（编译错误）面板中，同时相应的原理图被打开，有关位置被高亮显示。编译出错信息并不一定都需要修改，用户应根据自己的设计理念进行具体判断，另外，对于违反了设定的电气规则但实际上正确的设计部分，为了避免编译时显示不必要的出错信息，可以事先放置"没有 ERC 标志"，其放置方法有以下 2 种。

方法 1：单击 × 图标，光标变为十字形，在需要的位置单击鼠标左键放置。

方法 2：在菜单栏中执行【放置】/【指示】/【Generic No ERC】命令，光标变为十字形，在需要的位置单击鼠标左键放置。

对文件或工程编译时，尚未完成的电路或不希望被编译的部分可通过放置编译屏蔽，避免产生不必要的出错信息。在菜单栏中执行【放置】/【指示】/【编译屏蔽】命令，光标变为十字形，移动光标到需要放置的位置，单击鼠标左键，确定屏蔽框的起点，移动光标将需要屏蔽的对象包围在屏蔽框内，再次单击鼠标左键确定终点。单击鼠标右键退出放置状态，此时，屏蔽框内的对象显示灰色，处于被屏蔽状态。

项目知识三 相关报表的生成与文件输出

Altium Designer 16 的原理图编辑器能够方便地生成各种不同类型的报表文件，当电路原理图设计完成并经过编译无误后，用户可以利用系统提供的功能生成各种报表。

一、网络表

网络表的重要性主要体现在以下两个方面：一是可以支持后续印制电路板设计中的自动

布线和电路仿真；二是可以与从 PCB 文件中导出的网络表进行比较，从而核对差错。我们需要生成的是用于 PCB 设计的网络表，即 Protel 网络表，它包括基于单个文件的网络表和基于工程的网络表。

1. 生成网络表

网络表的生成通常有以下 3 种方法。

方法 1：利用原理图编辑器，由原理图文件直接生成；

方法 2：利用文本编辑器手动编辑生成；

方法 3：利用 PCB 编辑器，从已布线的 PCB 文件中导出相应的网络表。

具体操作过程如下：

（1）在菜单栏中执行【设计】/【工程的网络表】命令，弹出工程网络表的格式选择菜单；

（2）在菜单中选择"Protel"命令，系统自动生成网络表文件，并存放在当前工程下的"Generated/Netlist Files"文件夹中；

（3）双击打开该工程网络表文件，查看元件声明和网络定义。

2. 网络表的格式

网络是彼此连接在一起的一组元件引脚，电路由若干网络组成，而网络表是对电路或电路原理图的完整描述。描述的内容包括两方面：一是所有元件的信息，包括元件标识、元件引脚和 PCB 封装形式等；二是网络的连接信息，包括网络名称、网络节点等。

网络表是一个简单的 ASCII 码文本文件，由一行行的文本组成，分为元件声明和网络定义两部分，有各自固定的格式和组成，缺少任一部分都有可能导致 PCB 布线时的错误。元件声明由若干小段组成，每一小段用于说明一个元件，以"［"开始，以"］"结束，由元件的标识、封装、注释等组成，如图 5 - 9 所示，其中，空行由系统自动生成。网络定义同样由若干小段组成，每一小段用于说明网络的信息，以"（"开始，以"）"结束，由网络名称和网络连接点组成，如图 5 - 10 所示。

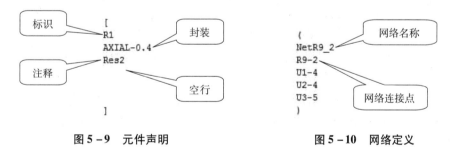

　　　　图 5 - 9　元件声明　　　　　　　　　　图 5 - 10　网络定义

二、生成元器件报表

元器件报表主要用来列出当前工程中用到的所有元件的标识、封装、库参考等，相当于元器件清单，用户可以详细查看工程中元件的各类信息，同时在制作印制电路板时，也可作为元件采购的参考。在菜单栏中执行【报告】/【Bill of Materials】命令，弹出【Bill of Materials For Project】对话框，如图 5 - 11 所示，在该对话框中，对要生成的元器件报表进行设置。

图 5-11 【Bill of Materials For Project】对话框

（1）【聚合的纵列】列表框。用于设置元件的归类标准，将【全部纵列】中的某一属性信息拖到该列表框中，系统将以该属性信息为标准对元件进行归类，并显示在元器件报表中。

（2）【文件格式】下拉列表。用于设置文件的导出格式，如 csv 格式、pdf 格式、xls 格式、文本格式、html 格式等，系统默认为 xls 格式。

（3）【Excel 选项】组。为元器件报表设置显示模板，可以使用曾经用过的模板文件，也可以在模板文件夹中重新选择，选择时，如果模板文件与元器件报表在同一目录下，可以选【相对路径到模板文件】复选框，使用相对路径搜索。

三、工程存档

Altium Designer 16 为了便于存放和管理，提供了专用的存档功能，可轻松地将工程压缩并打包。在菜单栏中执行【工程】/【存档】命令，弹出【项目包装者】对话框，如图 5-12 所示。

【项目包装者】对话框提供了 3 种打包方式。

方式 1：软件包聚焦项目，即打包当前工程；

方式 2：包聚焦工程树，从聚焦工程开始，即从当前工程开始打包工程树；

方式 3：软件包工作台，即打包工作区。

选择第一种打包方式，单击【Next】按钮，弹出【Zip 文件选项】对话框，如图 5-13 所示。

（1）【Zip 文件名称】组用于设置打包文件的名称及保存路径，系统默认为工程文件的保存路径；

（2）【Directories in Zip File】组用于设置打包文件的目录结构。

①【使用关联路径到文件驱动】单选按钮：使用文件在驱动器中相对路径作为目录结构；

②【Use relative paths to common parent directory of all files packaged】单选按钮：使用设计文件上下级相对目录关系作为打包文件的目录结构。

（3）【生成的文件】组用于设置包含信息。

①【包含（only if on the same drive as the owner project）】单选按钮：包含工程所在的驱动器信息。

②【不做包含】单选按钮。

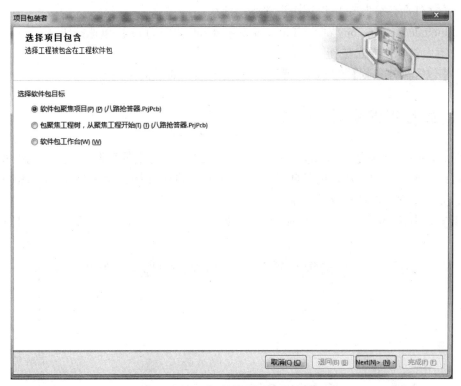

图 5 – 12　【项目包装者】对话框

图 5 – 13　【Zip 文件选项】对话框

（4）【文件在差分驱动】组用于设置驱动信息。

① 【Include a plain copy of the file in a project sub – directory】单选按钮。

② 【不做包含】单选按钮。

（5）【包含额外条款】组用于设置包含的附加项，如子文件夹等。

四、智能 PDF 生成

Altium Designer 16 内置了智能 PDF 生成器，用于生成完全可移植、可导航的 PDF 文件。设计者可以把整个工程或选定的某些设计文件打包成 PDF 文档，使用 PDF 浏览器进行查看和阅读，充分实现了设计数据的共享。

在菜单栏中执行【文件】/【智能 PDF】命令，启动智能 PDF 生成向导，如图 5 – 14 所示。

图 5 – 14　智能 PDF 生成向导

单击【Next】按钮，弹出【选择导出目标】对话框，如图 5 – 15 所示。该对话框可设置将"当前项目"输出为 PDF，还是只将"当前文件"输出为 PDF，系统默认为"当前项目"，同时可设置输出 PDF 文件的名称及保存路径。

单击【Next】按钮，弹出【导出项目文件】对话框，如图 5 – 16 所示。该对话框用于选择要导出的文件，系统默认为全部选择，用户也可以单击选择其中的一个。

单击【Next】按钮，弹出【导出 BOM 表】对话框，如图 5 – 17 所示。该对话框用于选择设置是否导出 BOM 表，并设置相应模板。

单击【Next】按钮，弹出【添加打印设置】对话框，如图 5 – 18 所示，该对话框有以下选项。

图 5 – 15　【选择导出目标】对话框

图 5 – 16　【导出项目文件】对话框

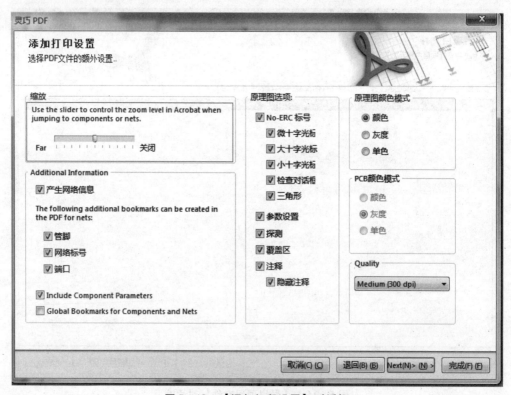

图 5 - 17 【导出 BOM 表】对话框

图 5 - 18 【添加打印设置】对话框

（1）【缩放】组：用于设置在 PDF 浏览器书签窗口中选中元件或网络时，相应对象的变焦程度可通过滑块进行控制。

（2）【原理图】组：用于设置生成 PDF 文件的颜色以及所包含的原理图信息，如 No - ERC 标号、探测等。

（3）【原理图颜色模式】组：用于设置生成 PDF 文件的颜色。

（4）【Additional Information】组：用于设置 PDF 文件中的附加书签，生成的附加书签用来提供完全的设计导航，可以在原理图页面和 PCB 图上浏览、显示元件、端口、网络、引脚等。

单击【Next】按钮，弹出【结构设置】对话框，如图 5 - 19 所示，该对话框用于设置 PDF 文件后是否默认打开，以及是否保存设置到批量输出文件。

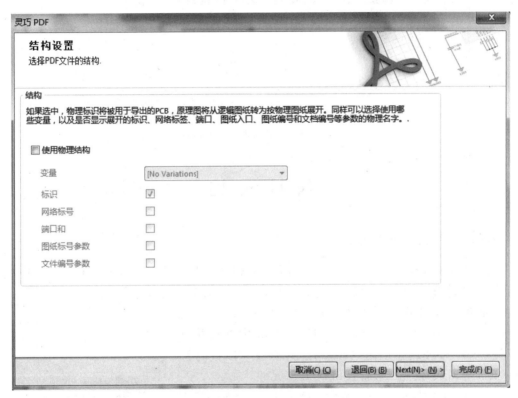

图 5 - 19　【结构设置】对话框

单击【Next】按钮，弹出【最后步骤】对话框，如图 5 - 20 所示，该对话框用于设置是否打开 PDF 文件，以及是否将设置保存到 Output. Job 文件。

单击【完成】按钮，系统开始生成 PDF 文件，并默认打开，显示在工作窗口中。在【书签】窗口中单击某一选项卡使相应对象变焦显示，同时，批量输出文件也被默认打开，显示在输出工作文件编辑窗口中，相应设置可直接用于以后的批量工作文件输出。

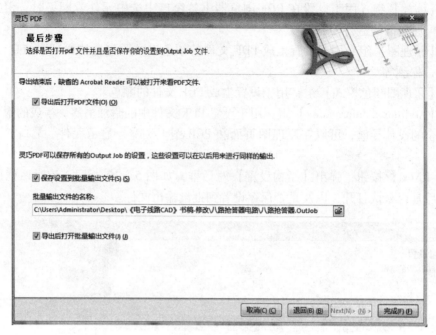

图 5 - 20   【最后步骤】对话框

项 目 实 施

步骤1：8 路抢答器电路绘制

（1）启动 Altium Designer 16，创建名为"八路抢答器"的 PCB 工程，在菜单栏中执行【文件】/【New】/【原理图】命令，为创建的 PCB 工程添加名为"八路抢答器"的原理图文件，如图 5 - 21 所示。

（2）在 Miscellaneous Devices. IntLib 元件库中查找并放置开关（SW - SPST）、电阻（Res2）、共阴极 7 段数码管（Dpy Red - CC）、发光二极管（LED0）等元件。

（3）制作并放置优先编码芯片 SN74LS148N、锁存芯片 SN74LS279AN、译码芯片 SN74LS48N。

（4）放置电源和接地端子，并用导线将各个元件进行电气连接。

步骤2：绘制分区及注释

图 5 - 21   创建的工程文件

按照"项目知识一"的操作过程分别绘制报警指示电路、锁存电路、优先编码电路、译码显示电路的分区和注释，绘制完成后的电路如图 5 - 1 所示。

步骤3：工程编译

（1）在菜单栏中执行【工程】/【Compile PCB Project 八路抢答器 . PrjPCB】命令，对工程进行编译，如果有编译错误，则弹出【Message】对话框，双击后修改错误。编译结果如图 5-22 所示。

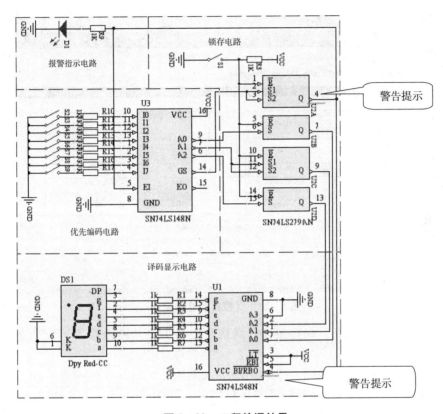

图 5-22　工程编译结果

（2）图 5-22 中有 2 处编译警告，可以通过以下 2 种方法进行改正。

方法 1：在编译警告处放置"没有 ERC 标志"；

方法 2：打开【Connection Matrix】选项卡，将矩阵行中 Output Pin 的和矩阵列中 IO Pin 的交叉点颜色方块修改为绿色。

（3）重新编译八路抢答器工程，不再出现错误和警告信息。

步骤4：生成网络表

（1）在菜单栏中执行【设计】/【工程的网络表】命令，弹出工程网络表的格式选择菜单。

（2）选择菜单中的【Protel】命令，自动生成网络表文件"八路抢答器 . net"，并存放在当前工程下的"Generated/Netlist Files"文件夹中。

（3）双击打开该工程网络表文件，查看元件声明和网络定义。

步骤5：生成元器件表

（1）在菜单栏中执行执行【报告】/【Bill of Materials】命令，进行元器件报表选项设置。

（2）单击【菜单】按钮，在弹出的菜单中选择【报告】命令，单击后打开元器件报名的预览窗口，如图5-23所示。

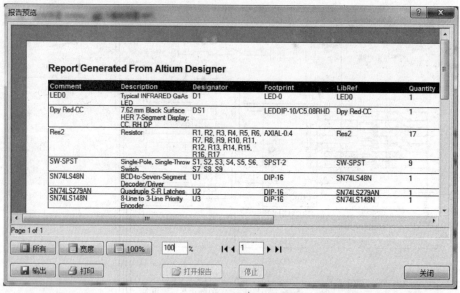

图5-23 【报告预览】窗口

（3）单击【输出】按钮，保存报表，默认文件名为"八路抢答器.xls"，默认格式为Excel。

（4）单击【打开报告】按钮，打开该Excel文件。

另外，在原理图编辑环境中执行【报告】/【Simple BOM】命令，则系统同时生成"八路抢答器.bom"和"八路抢答器.csv"两个文件，并添加到工程中。两个文件列出了元件的标识、封装、注释、数量等，如图5-24和图5-25所示。

```
Bill of Material for 八路抢答器.PrjPcb
On 2014/10/7 at 11:20:32

Comment          Pattern          Quantity  Components
──────────────────────────────────────────────────────────────────

Dpy Red-CC       LEDDIP-10/C5.08RHD   1      DS1                      7.62 mm Black
Surface HER 7-Segment Display: CC, RH DP
LED0             LED-0                1      D1                       Typical INFRARED
GaAs LED
Res2             AXIAL-0.4           17      R1, R2, R3, R4, R5, R6, R7   Resistor

                                            R8, R9, R10, R11, R12, R13
                                            R14, R15, R16, R17
SN74LS148N       DIP-16               1      U3                       8-Line to 3-Line
Priority Encoder
SN74LS279AN      DIP-16               1      U2                       Quadruple S-R
Latches
SN74LS48N        DIP-16               1      U1                       BCD-to-Seven-
Segment Decoder/Driver
SW-SPST          SPST-2               9      S1, S2, S3, S4, S5, S6, S7   Single-Pole,
Single-Throw Switch

                                            S8, S9
```

图5-24 元器件报表（.bom）

Bill of Material for 八路抢答器.PrjPcb				
On 2014/10/7 at 11:20:32				
Comment	Pattern	Quantity	Components	
Dpy Red-CLEDDIP-10/C5.08RHD		1	DS1	7.62 mm Black Surface HER 7-Segment Display: CC, RH DP
LED0	LED-0	1	D1	Typical INFRARED GaAs LED
Res2	AXIAL-0.4	17	R1, R2, R3, R4, R5, R6, R7, R8, R9, R10, R11, R12, R13, R14, R15, R16, R17	Resistor
SN74LS148DIP-16		1	U3	8-Line to 3-Line Priority Encoder
SN74LS279DIP-16		1	U2	Quadruple S-R Latches
SN74LS48NDIP-16		1	U1	BCD-to-Seven-Segment Decoder/Driver
SW-SPST	SPST-2	9	S1, S2, S3, S4, S5, S6, S7, S8, S9	Single-Pole, Single-Throw Switch

图 5 – 25 元器件报表（.csv）

步骤 6：工程存档

（1）在菜单栏中执行【工程】/【存档】命令，弹出【项目包装者】对话框，选择【软件包聚焦项目（八路抢答器.PrjPcb）】命令，单击【Next】按钮。

（2）采用系统默认设置，单击【Next】按钮，弹出【选择文件包含】对话框，如图 5 – 26 所示，系统默认工程中的所有设计文件都处于选中状态。

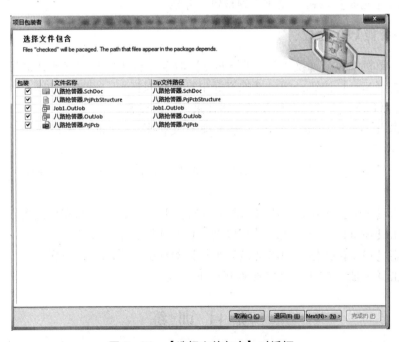

图 5 – 26 【选择文件包含】对话框

（3）单击【Next】按钮，系统进行打包，完成打包后，弹出【打包结束】对话框，显示打包的有关信息，如图 5 – 27 所示。

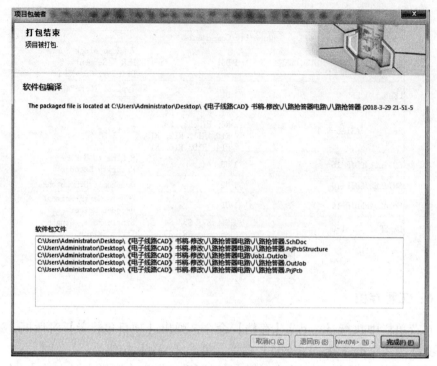

图 5 – 27   【打包结束】对话框

（4）单击【完成】按钮，完成工程打包与存档。

步骤 7：智能 PDF 生成

（1）在菜单栏中执行【文件】/【智能 PDF】命令，启动智能 PDF 生成向导。

（2）单击【Next】按钮，弹出【选择导出目标】对话框，设置当前项目（八路抢答器.PrjPcb）输出为 PDF，文件的名称及保存路径采用默认设置。

（3）单击【Next】按钮，弹出【导出项目文件】对话框，选择导出"八路抢答器.SchDoc"文件。

（4）单击【Next】按钮，弹出【导出 BOM 表】对话框，选择导出 BOM 表，其他采用默认设置。

（5）单击【Next】按钮，弹出【添加打印设置】对话框，采用默认设置。

（6）单击【Next】按钮，弹出【结构设置】对话框，采用默认设置。

（7）单击【Next】按钮，弹出【最后步骤】对话框，采用默认设置。

（8）单击【完成】按钮，完成智能 PDF 的生成。

项 目 训 练

1. 将流水灯控制电路进行分区并标注，如图 5 – 28 所示。

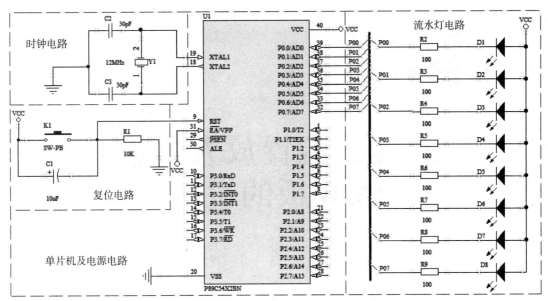

图5－28　流水灯控制电路分区及标注

2. 将流水灯控制电路进行工程编译，并修改电路中出现的错误。

3. 生成流水灯控制电路网络表。

4. 生成流水灯控制电路元器件报表。

5. 批量输出流水灯控制电路文件。

6. 将流水灯控制电路进行工程存档。

7. 利用智能 PDF 生成向导生成相关文件。

项目六

分压式偏置放大电路
PCB 板的设计

●项目引入

　　PCB 是印制电路板的简称，即通常所说的电路板。印制电路板是用来固定、连接各种元件的具有电气特性的板子。每一个电子产品必须包含至少一个印制电路板，用来固定和连接各种元件，并提供安装、调试和维修的一些数据，因此，制作正确、可靠、美观的印制电路板是电路设计的最终目的。本项目通过分压式偏置放大电路 PCB 设计的学习，初步掌握 PCB 设计的基本技能和知识。分压式偏置放大电路原理图如图 6-1 所示。

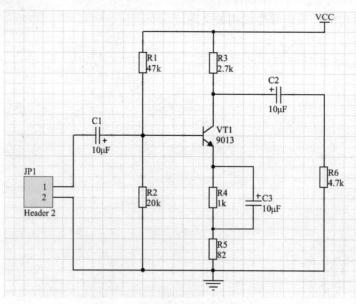

图 6-1　分压式偏置放大电路原理图

●项目目标

　　（1）学会 Altium Designer 16 PCB 编辑器的使用，了解 PCB 文件的打开、关闭及属性的编辑；

（2）学会创建 PCB 文件；

（3）掌握 PCB 设计中各板层的基本含义；

（4）会放置图元，并进行属性编辑；

（5）会 PCB 的手动布局；

（6）会 PCB 的手动布线并对布线进行调整。

● 项目知识

项目知识一　PCB 编辑器的启动与界面简介

一、PCB 编辑器的启动

1. 利用菜单启动

启动 Altium Designer 16 软件，在菜单栏中执行【文件】/【New】/【PCB】命令，如图 6–2 所示。

2. 利用 PCB 模板生成 PCB 电路板

打开如图 6–3 所示的【Files】面板，在【从模板新建文件】栏中选择【PCB Templates】或【PCB Projects】命令，弹出【Choose existing Documents】对话框，如图 6–4 所示。

图 6–2　通过菜单启动 PCB 编辑器

图 6–3　【从模板新建文件】栏

该对话框提供了一些常用的 PCB 模板，从中选择模板，单击【打开】按钮即可。

图6-4　【Choose existing Documents】对话框

3. 利用向导创建PCB

（1）打开【Files】面板，在【从模板新建文件】栏中选择【PCB Board Wizard】命令，弹出【PCB板向导】对话框，如图6-5所示。

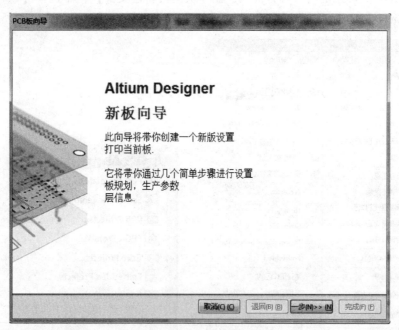

图6-5　【PCB板向导】对话框

（2）单击【下一步】按钮，弹出【选择板单位】对话框，根据需要选择单位，系统默认为英制，如图6-6所示。

（3）单击【下一步】按钮，弹出【选择板剖面】对话框，如图6-7所示。左侧栏中除【Custom】命令外，其余命令均为已定义好的PCB模板，用户可根据需要进行选择。多数情况下需要用户自定义电路板的尺寸。

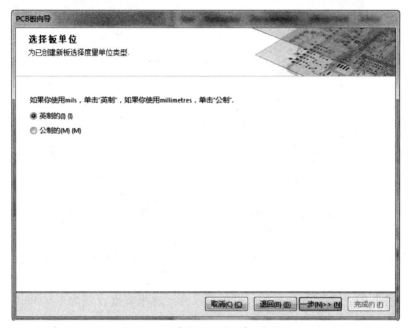

图6－6　【选择板单位】对话框

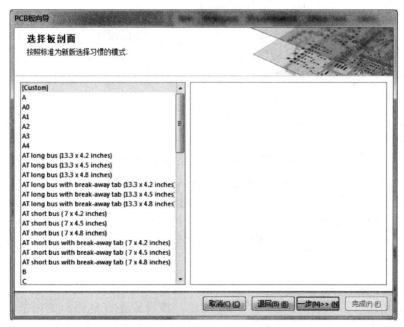

图6－7　【选择板剖面】对话框

（4）自定义电路板尺寸。在【选择板剖面】对话框中选择【Custom】命令，单击【下一步】按钮，弹出【选择板详细信息】对话框，如图6－8所示，用户可以在该对话框中设置各项参数。

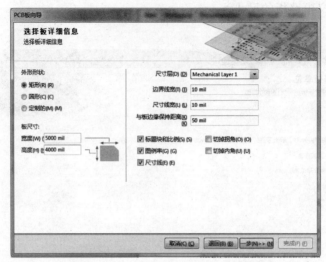

图6-8 【选择板详细信息】对话框

① 【外形形状】组：有3个单选按钮，即【矩形】【圆形】【定制的】，在这里单击【矩形】单选按钮。

② 【板尺寸】组：定义电路板的外形轮廓尺寸。这里宽度设置为1 500mil、高度设置为1 600mil。

③ 【尺寸层】下拉列表：用于放置板子外形尺寸标准信息，一般设置在【Mechanical Layer 1】机械层。如需更改可单击右侧的 ▼ 。

④ 【边界线宽】文本框：禁止布线标示线的宽度，没有特殊意义，采用默认设置即可。

⑤ 【尺寸线宽】文本框：机械层标注尺寸的线宽，采用默认设置即可。

⑥ 【与板边缘保持距离】文本框：确定最外层布线与PCB板边缘的安全距离。该距离越远越好，系统默认为50mil。

⑦ 【标题块和比例】复选框：勾选该复选框，用于设置是否在PCB图纸上添加标题栏，并显示比例刻度栏。

⑧ 【图例串】复选框：勾选该复选框，系统将在PCB板图中加入图例字符串。

⑨ 【尺寸线】复选框：勾选该复选框，工作区内将显示PCB板的尺寸标注线。

⑩ 【切掉拐角】复选框：勾选该复选框，单击【下一步】按钮，弹出【选择板切角加工】对话框，如图6-9所示。在此对话框中，可以根据产品对PCB板的要求，切掉板的4个角，对板子进行特殊加工。切掉的尺寸可在界面4个坐标上进行设置。在此我们都设置为0mil。

⑪ 【切掉内角】对话框：勾选该复选框，完成切角加工后，单击【下一步】按钮，弹出【选择板内角加工】对话框，如图6-10所示。该设置是在电路板的内部切除一个矩形缺口，左下角作为切除矩形的起点坐标，右上方的坐标确定需要切除的内部窗口的尺寸。在此我们都设置为0mil。

（5）单击【下一步】按钮，弹出【选择板层】对话框，如图6-11所示。信号层分布在PCB板的最外层，电源平面层是电路板的内电层，一般用作地平面层和电源层。在此我们设置为双面板，将信号层设置为2，电源平面设置为0。

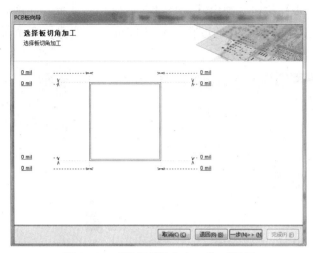

图 6 – 9　【选择板切角加工】对话框

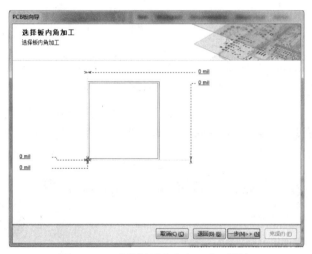

图 6 – 10　【选择板内角加工】对话框

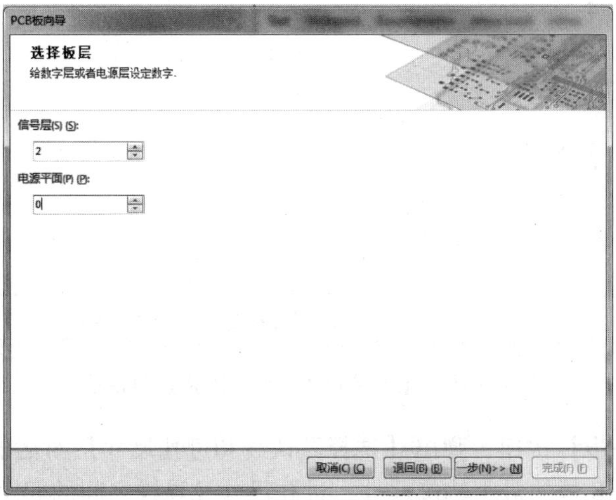

图 6 – 11　【选择板层】对话框

（6）单击【下一步】按钮，弹出【选择过孔类型】对话框，如图6-12所示。该对话框用于设置过孔类型，有【仅通孔的过孔】和【仅盲孔和埋孔】两个单选按钮，一般情况下选择【仅通孔的过孔】。

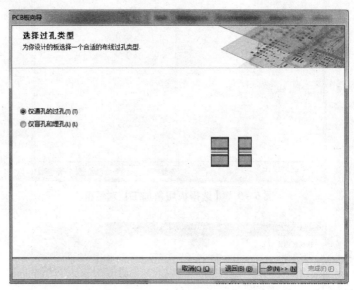

图6-12　电路板过孔类型设置

（7）单击【下一步】按钮，弹出【选择元件和布线工艺】对话框，如图6-13所示。该对话框用于设置所设计的PCB板是以表贴元件为主还是通孔元件为主，以及是否将元件放置在电路板的两边。

图6-13　【选择元件和布线工艺】对话框

（8）单击【下一步】按钮，弹出【选择默认线和过孔尺寸】对话框，如图6-14所示。该对话框用于设置PCB板的最小轨迹尺寸、过孔尺寸及导线之间的间距。

（9）单击【下一步】按钮，弹出【板向导完成】对话框，如图6-15所示。

图 6 – 14 【选择默认线和过孔尺寸】对话框

图 6 – 15 【板向导完成】对话框

（10）单击【完成】按钮，系统根据前面的设置生成一个默认名为"PCB1. PcbDoc"的新的 PCB 文件，同时进入 PCB 设计环境，在编辑窗口内显示一个默认尺寸的图纸，如图6 – 16所示。

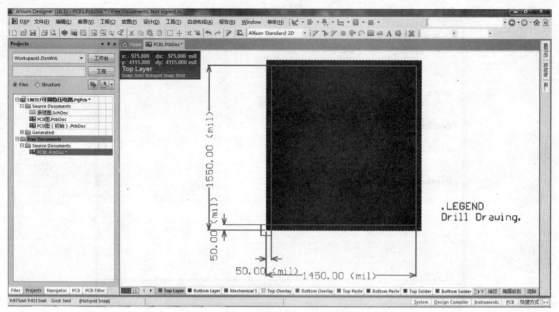

图 6-16　利用向导创建的 PCB

（11）在菜单栏中执行【文件】/【保存为】命令，选择存储路径，并修改文件名称，保存创建的 PCB 文件。至此，完成了使用 PCB Wizard Board 电路板向导创建电路板。

二、PCB 编辑器简介

PCB 编辑器主要包括菜单栏、工具栏、编辑区、工作层切换选项栏和状态栏等，如图 6-17所示。

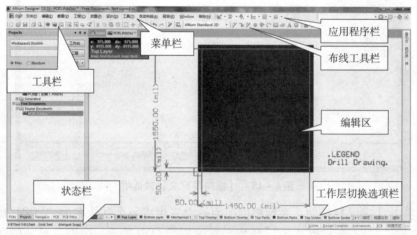

图 6-17　PCB 编辑器

1. 菜单栏

PCB 编辑环境的菜单栏与电路原理图编辑环境的菜单栏风格类似，它提供了许多 PCB 编辑操作的命令，如图 6-18 所示。在 PCB 设计过程中，各项操作都可以通过主菜单栏中的相应命令来完成。

图 6-18　菜单栏

2. 工具栏

PCB 编辑环境中的工具栏为用户提供了一些常用文件操作的快捷方式，以方便用户操作，提高设计速度。PCB 设计中常用的工具栏如下。

（1）PCB 标准工具栏，主要提供一些基本的操作命令，如文件的新建、打开、存储、打印、复制、粘贴、剪切等，如图 6-19 所示。

图 6-19　PCB 标准工具栏

（2）应用程序栏，主要提供不同类型的绘图和实用操作，如放置走线、放置坐标、放置标准尺寸、放置原点、排列工具、放置 Room、设置栅格等，每个按钮都有相应的菜单栏，如图 6-20 所示。

（3）布线工具栏，主要提供 PCB 设计中常用图元的放置命令，如放置焊盘、放置过孔、放置填充、放置字符串、放置元件等，如图 6-21 所示。

图 6-20　应用程序栏 　　　　　　图 6-21　布线工具栏

3. 编辑区

编辑区主要用于元器件的布局和布线。在编辑窗口中对 PCB 进行放大、缩小、拖动等操作。

4. 工作层切换选项栏

工作层切换选项栏主要进行板层间的切换。单击板层标签可以显示不同的板层图纸，每层的元器件和走线用不同颜色加以区分，以便于对多层次电路板进行设计。工作层切换选项栏如图 6-22 所示。

图 6-22　工作层切换选项栏

5. 状态栏

状态栏位于编辑窗口的最下方，用于显示光标的坐标值、所指向元件的网络位置等，如图 6-23 所示。

图 6-23　状态栏

项目知识二　PCB 板层与参数的设置

一、PCB 板层设置

在设计 PCB 之前，应先做好相关设置工作。层的打开、关闭及颜色属性的设置有 2 种

方法。

（1）在菜单栏中执行【设计】/【板层颜色】命令。

（2）在 PCB 设计环境的任一空白处单击鼠标右键，在弹出的快捷菜单中执行【选项】/【板层颜色】命令，弹出工作层面【视图配置】对话框。快捷菜单命令和【视图配置】对话框分别如图 6 - 24 所示和图 6 - 25 所示。

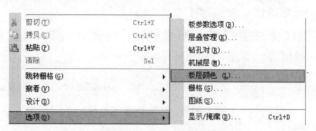

图 6 - 24　【选项】/【板层颜色】命令

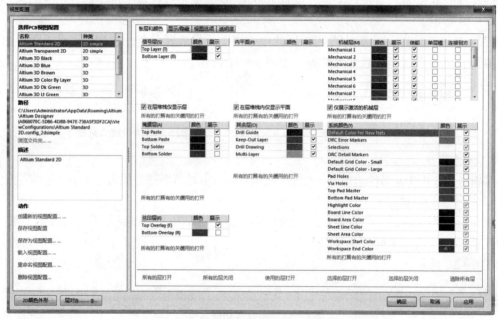

图 6 - 25　【视图配置】对话框

Altium Designer 16 提供的信号层大致分为以下 7 类。

1. 信号层（Signal Layers）

对于双面板而言，顶层（Top Layer）和底层（Bottom Layer）必须设置为打开状态，其他层可以处于关闭状态；对于单面板，只需打开底层即可。【展示】栏用于设置在编辑器中是否显示此板层，勾选则显示。

（1）Top Layer：顶层，也是元件层，一般用于放置元器件。

（2）Bottom Layer：底层，也是焊接层，一般用于布置导线。

通过点击颜色框可以更改板层的颜色，用户可以根据需要进行设置。一般情况下，不建议修改。

2. 内平面（Internal Planes）

内平面主要用于放置电源或地线，为内电源或地层，通常是一块完整的铜箔。多层板时，可对内平面进行设置。

3. 机械层（Mechanical Layers）

机械层主要用于设置电路板的外形尺寸、数据标记、对齐标记、装配说明及其他的机械信息。Altium Designer 16 有 32 个机械层，一般只用【Mechanical 1】。

4. 掩膜层【Mask Layers】

掩膜层主要用于设置顶层助焊层、底层助焊层、顶层阻焊层、底层阻焊层的颜色及展示。

5. 丝印层（Silkscreen Layers）

丝印层主要用于放置元件标号、说明文字等，可以设置其颜色。

6. 其余层（Other Layers）

(1) Keep – Out Layer：禁止布线层，用于绘制印制电路板的边框；

(2) Multi – Layer：多层，包括焊盘和过孔等在每一层都可见的电气符号；

(3) Drill Guide：钻孔定位层，主要和制板厂商有关；

(4) Drill Drawing：钻孔层，主要和制板商有关。

7. 系统颜色

系统颜色可以设置显示、颜色、格点、光标、系统默认值等参数。例如，【DRC Error Markers】用于设置布线的电路板不符合设计规则时显示绿色，【Visible Grid 1】用于设置栅格 1 的颜色等。

二、PCB 板参数设置

在菜单栏中执行【设计】/【板参数选项】命令，弹出【板选项】对话框，在该对话框中设置相关的图纸参数，如图 6 – 26 所示。

图 6 – 26　【板选项】对话框

PCB板参数设置如下。

（1）单位：用于设置系统度量单位。系统提供了两种度量单位，即Imperial（英制）和Metric（公制），系统默认为英制。

（2）捕获网格：用于设置光标在X、Y方向每次移动的距离。

（3）器件网格：用于设置控制元器件在X、Y方向每次移动的距离。

（4）电器网格：主要用于设置电气栅格的属性，其含义与原理图中的电气栅格相同，勾选复选框表示具有自动捕捉焊盘的功能。范围用于设置捕捉半径，在布置导线时，系统会以当前光标为中心，以范围设置值为半径捕捉焊盘，一旦捕捉到焊盘，光标会自动加到该焊盘上。

（5）可视化网格：【标记】用于设置栅格是"Lines"（线状）还是Dots（点状），一般默认为"Lines"，【网格1】设置为第一组栅格的边长，【网格2】设置为第二组栅格的边长。

（6）显示位号：提供显示选件序号的选项。

（7）Display Physical Designators：设置显示实体的元件序号。

（8）Display logical Designators：设置显示逻辑的元件序号。

（9）页面位置：提供电路板图纸的设置。

项目知识三　元器件的手动布局

在元器件布局时，我们既可以采用手动布局，也可以采用自动布局。如果电路中元器件的数量较少，则可以完全采用手动布局的方法；如果电路中元器件的数量较多，电路复杂，既可以采用自动布局的方法，也可以采用自动布局和手动布局相结合的方法。这里我们先介绍手动布局的操作方法，自动布局的操作方法将在项目七中详细介绍。

手动布局时，用鼠标左键按住相应的器件，拖动元器件到PCB编辑区进行摆放。在摆放元器件时，有以下几种方法：

（1）改变器件方向：按空格键可以使元件旋转90度，X可以使器件左右翻转，Y可以使器件上下翻转。

（2）交互布局：在原理图中选中部分器件，在PCB中相应的元件也将被选中，对器件进行摆放调整。

（3）对选定的元件快速布局：先选中一部分要布局的元件，在菜单栏中执行【工具】/【器件布局】/【重新定位选择的器件】命令，在PCB要重新布局的区域单击，防止放好一个元件后，系统自动将下一个已选的元件调出到光标，免去反复选中拖动的动作，实现快速布局。

（4）排列工具是一个很好的布局工具，可以对元器件进行左边沿对齐、水平中心对齐、水平间距相等操作，实现元器件的快速布局，如图6-27所示。排列工具使用方法与项目三中元件排列对齐工具一样，在此不再赘述。

图6-27　排列工具

项目知识四　电路板的手动布线

PCB设计软件具有自动布线的功能，但是电路板的自动布线布通率和可行性不高，有时候使用自动布线的板子几乎不能实现其功能，因此手动布线显得尤为重要，一般采用自动布线和手动布线相结合的方法。

放置导线有 3 种方法：

（1）在菜单栏中执行【放置】/【交互式布线】命令；

（2）单击布线工具栏的  图标；

（3）在菜单栏中执行【自动布线】/【连接】命令。

单击工作区下方的【Bottom Layer】选项卡，将布线层置为底层。如果需要将如图 6 - 28 所示的元件 C1 与 P1 连接起来，则将鼠标移动到 C1 的左侧管脚处，单击鼠标左键确定起点，再将鼠标移动到元件 P1 的上侧管脚处，单击鼠标左键确定终点，单击鼠标右键或按【Esc】键退出绘制状态。连接后的电路如图 6 - 28 所示。

图 6 - 28　连接元件 C1 与 P1

在绘制导线的过程中，如果按下【Tab】键，将弹出【Interactive Routing For Net】对话框，用户可以在对话框中的【Width from user preferred value】栏中设置导线的宽度。

项 目 实 施

步骤 1：打开工程文件，添加 PCB 编辑器

（1）在菜单栏中执行【文件】/【打开】命令，或者单击工具栏的【打开】图标，打开项目一绘制的"分压式偏置放大电路"的工程文件。

视频 6 - 1　分压式偏置放大电路 PCB 的设计

（2）根据"项目知识一"的内容，利用 PCB 模板生成 PCB 电路板，其中，PCB 为矩形，尺寸为 1 400mil * 1 500mil，使用通孔元件等。将生成的 PCB 板保存到"分压式偏置放大电路"工程中，并命名为"分压式偏置放大电路"，如图 6 - 29 所示。

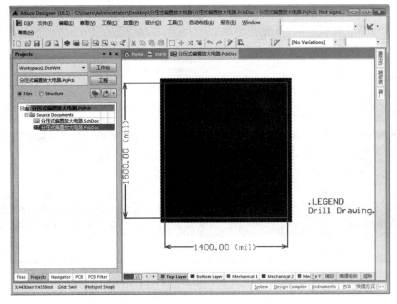

图 6 - 29　添加 PCB 文件

步骤2：将原理图信息同步到 PCB 设计环境中

有如下两种方法可以将原理图信息导入到目标 PCB 文件中。

（1）在原理图中执行【设计】/【Update PCB Document 分压式偏置放大电路 . PcbDoc】命令。

（2）在 PCB 编辑器中执行【设计】/【Import Changes From 分压式偏置放大电路. PrjPCB】命令。

以上两种换作均会弹出【工程更改顺序】对话框，如图 6-30 所示。单击【生效更改】和【执行更改】按钮，执行传送命令到 PCB 文件。检查无误的信息以绿色的√表示，检查出错的信息以红色的╳表示，并在信息栏中描述了检测不能通过的原因，如图 6-31 所示。

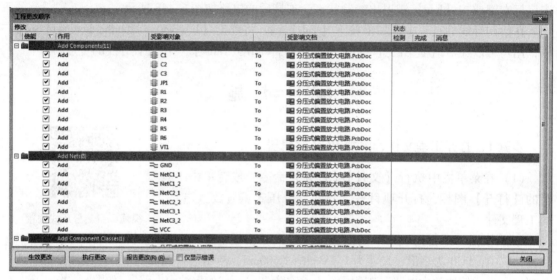

图 6-30　【工程更改顺序】对话框

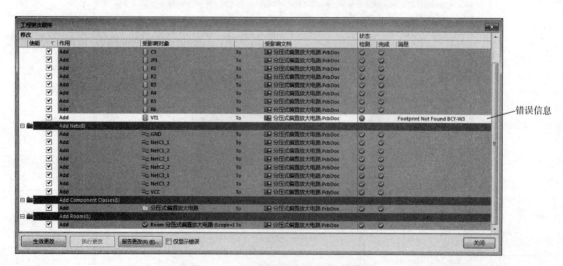

图 6-31　原理图信息导入存在问题

若在导入的时候存在问题，则必须反复修改，直到完全导入，如图 6-32 所示。

将元器件导入 PCB 图纸后，关闭【工程更改顺序】窗口，对 PCB 图元器件进行布局。

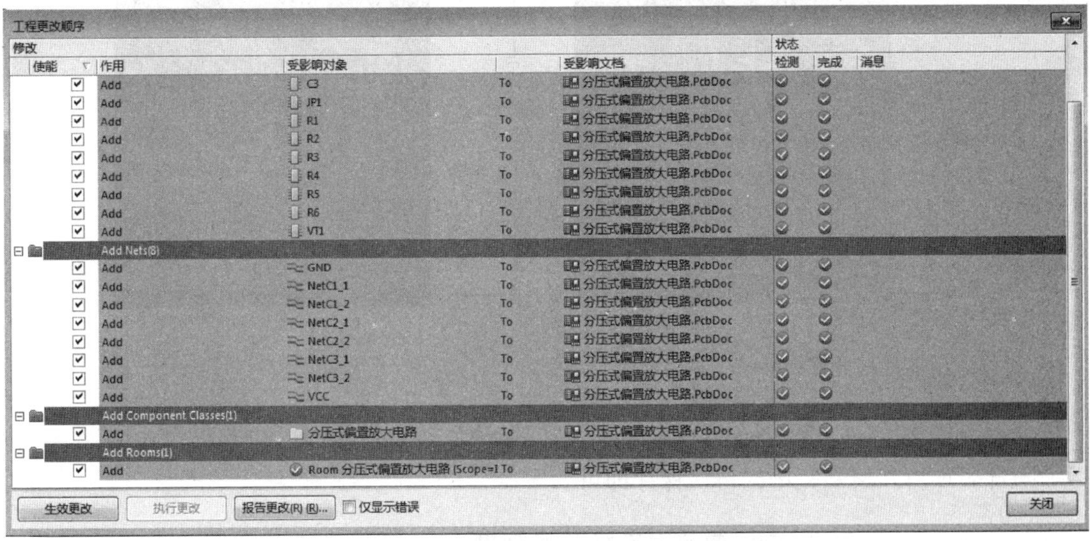

图 6-32 将原理图信息导入到目标 PCB 文件

步骤 3：元器件布局

元器件导入到 PCB 图纸后，工作区自动切换到"分压式偏置放大电路"，此时元器件的布局如图 6-33 所示。从图中可以看出，从原理图传输过来的 PCB 图将所有的元器件定义到【Room】里面。拖动【Room】到禁止布线区内，删除【Room】。

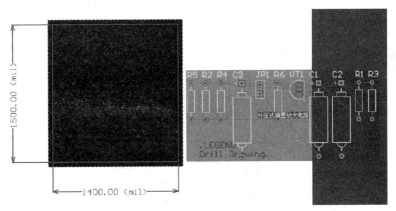

图 6-33 原理图信息导入到目标 PCB 后的布局

由于本电路元器件数量较少，我们可以完全采用手动布局的方法来对元器件进行布局。元器件布局完成后如图 6-34 所示。

步骤 4：手动布线

本电路比较简单，导线也比较少，我们采用手动布线方法实现。所有元器件连接后的效果如图 6-35 所示。

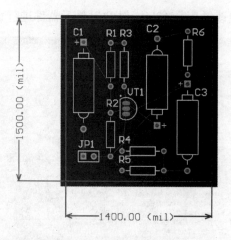

图6－34　布局之后的电路板

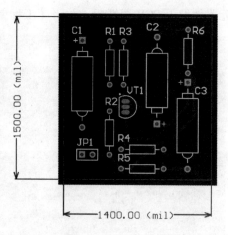

图6－35　所有器件连接后的效果

至此，项目六绘制完毕，再次保存即可。

步骤5：放置"分压式偏置放大电路"字符串

在电路板中，有时需要添加一些文字说明增加电路板的可读性，文字说明一般放置在丝印层。在此，我们在电路板上标注电路板的名

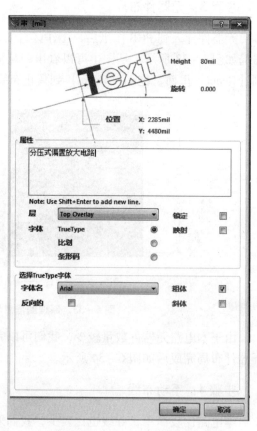

图6－36　【串】属性对话框

称"分压式偏置放大电路"，有如下3种方法：

（1）在菜单栏中执行【放置】/【字符串】命令；

（2）单击布线工具栏中的 **A** 图标；

（3）使用快捷键【P】+【S】。

执行命令后，光标变成十字形并带有字符串，移动光标到图纸中需要文字标注的位置，单击鼠标放置字符串，此时系统仍处于放置状态，可以继续放置字符串。放置完成后，单击鼠标右键退出。

在放置状态下按【Tab】键，或者双击放置完成的字符串，弹出【串】属性对话框，如图6－36所示。

在对话框中可以设置字符串的内容、所在的层、字体、位置、倾斜角度等，在【属性】框中填入"分压式偏置放大电路"，【字体】选择"True Type"，【Height】为"80mil"，【层】为"Top Overlay"。字体选择"True Type"后，在下面【选择 True Type 字体】可以设置字体名、粗体、斜体等参数。完成设置后，单击【确定】按钮，关闭对话框。完成字符串放置的电路板如图 6-37 所示。

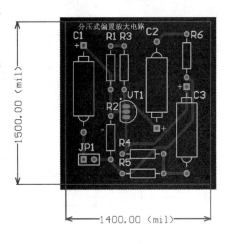

图 6-37　完成字符串放置的电路板

这样，分压式偏置放大电路的 PCB 设计就完成了。绘制印制电路板图的一般步骤如下：

（1）新建设计项目和文件；

（2）启动 PCB 编辑器；

（3）设置 PCB 板层；

（4）设置 PCB 板参数；

（5）安装所需要的元件库；

（6）元器件布局；

（7）布线；

（8）保存。

在实际操作过程中，用户可以根据需要调整绘制印制电路板图的步骤。

项 目 训 练

1. 绘制两级阻容耦合三极管放大电路的印制电路板图，电路如图 6-38 所示。

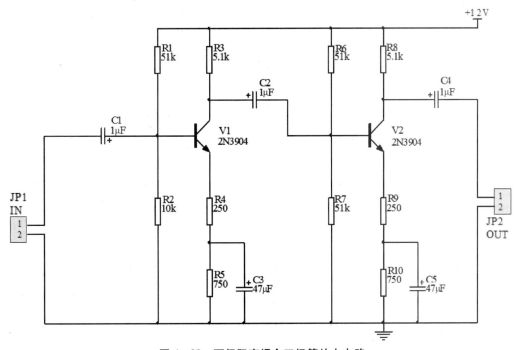

图 6-38　两级阻容耦合三极管放大电路

2. 绘制信号源电路的印制电路板图，电路如图 6-39 所示。

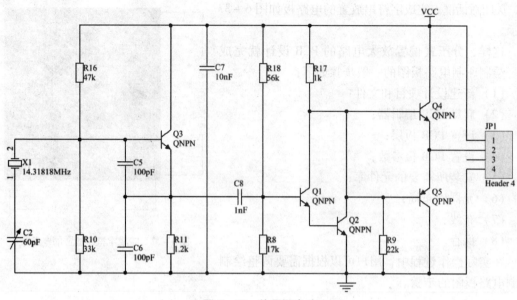

图 6 – 39　信号源电路

项目七

串联型稳压电源 PCB 板的设计

<<<<<

● 项目引入

　　手动布局、手动布线可以满足简单印制电路板的绘制。但是，在多数情况下我们所绘制的电路是比较复杂的，完全采用手动布局、手动布线是行不通的，必须借助自动布局、自动布线等操作才能完成电路 PCB 的设计。下面我们通过图 7-1 所示的串联型稳压电源电路板的设计来学习自动布局、自动布线等印制电路板绘制时的操作方法（在此电路中，要求电源线和地线的宽度为 30mil，普通导线宽度为 20mil）。

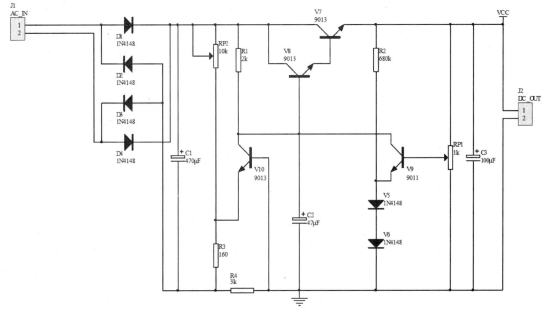

图 7-1　串联型稳压电源电路

● 项 目 目 标

(1) 了解 PCB 的设计过程；

(2) 学会使用 PCB 编辑器；

(3) 会设置布线规则；

(4) 会电路板的自动布局和自动布线，并对不合理的布局和布线进行调整；

(5) 会补泪滴、覆铜，

(6) 会打印电路图。

● 项 目 知 识

项目知识一　PCB 的基本操作

一、放置焊盘

1. 焊盘的放置方法。

方法 1：在菜单栏中执行【放置】/【焊盘】命令。

方法 2：单击工具栏中的 ◎ 图标。

方法 3：使用快捷键【P】+【P】。

2. 放置焊盘

启动命令后，光标变成十字形并带有一个焊盘图形，移动光标到合适位置，单击鼠标左键即可在图纸上放置焊盘。此时系统仍处于放置焊盘状态，可以继续放置。放置完成后，单击鼠标右键退出。

3. 设置焊盘属性

在焊盘放置状态下按【Tab】键，或者双击放置好的焊盘，弹出【焊盘】属性设置对话框，如图 7 - 2 所示。

(1)【位置】栏：用于设置焊盘在 PCB 中的坐标值及旋转的角度。

(2)【孔洞信息】栏：用于设置焊盘内孔直径及内孔的形状。其中，内孔的形状有圆形、正方形和槽 3 种类型。

(3)【属性】栏：有【标识】【层】【网络】电气类型等选项。

①【标识】文本框：焊盘的序号。同一元器件每个焊盘的序号各不相同，一般对应元器件的管脚。

②【层】下拉列表：焊盘所放置的工作层。一般情况下，通孔元器件的焊盘设置为多层（MultiLayer），而贴片元件的焊盘设置为元件的工作层，如顶层（Top Layer）和底层（Bottom Layer）。

③【网络】下拉列表：用于设置焊盘所属网络的名称。

④【电气类型】下拉列表：用于设置焊盘的电气类型，有【Load】（节点）、【Source】（源点）、【Terminator】（中间点）3个命令。

图7－2　【焊盘】属性设置对话框

（4）【镀金的】复选框：勾选该复选框时焊盘内孔壁进行镀金。

二、放置过孔

过孔主要用来连接不同板层之间的布线。一般情况下，在布线过程中，换层时系统会自动放置过孔，用户也可以自己放置过孔。

1. 过孔的放置方法。

方法1：在菜单栏中执行【放置】/【过孔】命令。

方法2：单击工具栏中的 图标。

方法3：使用快捷键【P】+【V】。

2. 放置过孔

启动命令后，光标变成十字形并带有一个过孔图形，移动光标到合适位置，单击鼠标左键即可在图纸上放置过孔。此时系统仍处于放置过孔状态，可以继续放置。放置完成后，单击鼠标右键退出。

3. 过孔属性设置

在过孔放置状态下按【Tab】键，或者双击放置好的过孔，弹出【过孔】属性设置对话框，如图7－3所示。

图7-3 【过孔】属性设置对话框

过孔的属性设置与焊盘基本相同，在此不再赘述。

三、放置原点

在 PCB 编辑环境中，系统提供了一个坐标系，它以图纸的左下角为坐标原点，用户可以根据需要建立自己的坐标系。

坐标原点的放置有以下 3 种方法。

方法 1：在菜单栏中执行【编辑】/【原点】/【设置】命令。

方法 2：单击实用工具栏中的 图标，在弹出的菜单中选择 ⊗ 命令。

方法 3：使用快捷键【E】+【O】+【S】。

移动鼠标，找到合适位置，单击鼠标左键即可放置。

四、放置位置坐标

位置坐标的放置有以下 3 种方法。

方法 1：在菜单栏中执行【放置】/【坐标】命令。

方法 2：单击实用工具栏中的 图标，在弹出的菜单中选择 ₊ᵐ,ᵐ 命令。

方法 3：使用快捷键【P】+【O】。

移动鼠标，找到合适位置，单击鼠标左键即可放置。在放置时按【Tab】键或放置好后双击鼠标键，弹出属性【调整】对话框，对坐标文字的线宽、文本宽度及高度、层等进行修改，如图7-4所示。

图7-4　坐标属性【调整】对话框

五、放置尺寸标注

在PCB设计过程中，用户可以根据需要在电路板上放置一些尺寸标注。

尺寸标注的放置有以下2种方法。

方法1：在菜单栏中执行【放置】/【尺寸】命令，弹出尺寸标注菜单。

方法2：单击实用工具栏中的 图标，弹出尺寸标注菜单，选择单击菜单中的一个命令。

尺寸标注共有10种类型，如图7-5所示，选择相应类型后，单击鼠标左键进行放置。

图7-5　尺寸标注类型

项目知识二　元器件的自动布局

Altium Designer 16提供了强大的PCB自动布局功能，PCB编辑器根据一套智能算法自动地将元件分开，放置到规划好的布局区域内并进行合理的布局。

一、自动布局的菜单命令

在菜单栏中执行【工具】/【器件布局】命令，弹出与自动布局有关的菜单，如图7-6所示。

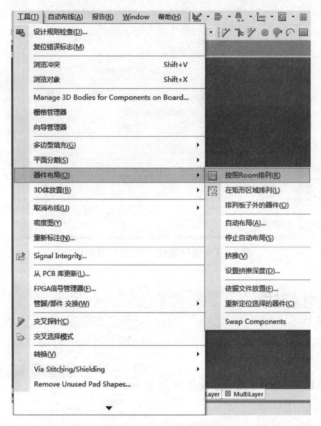

图7-6 自动布局菜单

（1）【按照Room排列】（空间内排列）命令：用于在指定的空间内部排列元件，选择该命令后，光标变为十字形状，在要排列元件的空间区域内单击，元件即自动排列到该空间内部。

（2）【在矩形区域排列】命令：用于将选中的元件排列到矩形区域内。使用该命令前，需要先选中要排列的元件，此时光标变为十字形状，在要放置元件的区域内单击鼠标左键，确定矩形区域的一角，拖动光标至矩形区域的另一角后再次单击鼠标左键。确定该矩形区域后，系统会自动将已选择的元件排列到矩形区域中。

（3）【排列板子外的器件】命令：用于将选中的元件排列在PCB的外部。使用该命令前，需要先选中要排列的元件，系统自动将选择的元件排列到PCB范围以外的右下角区域内。

（4）【自动布局】命令：进行自动布局。

（5）【停止自动布局】命令：停止自动布局。

（6）【挤推】命令：挤推布局的作用是将重叠在一起的元件推开，即选择一个基准元件，当周围元件与基准元件存在重叠时，则以基准元件为中心向四周挤推其他元件，如果不存在重叠则不执行挤推命令。

（7）【设置挤推深度】命令：设置挤推命令的深度，可以为 1～1 000 的任何一个数字。

（8）【依据文件放置】命令：导入自动布局文件进行布局。

二、自动布局约束参数

在自动布局前，需要设置自动布局的约束参数。合理地设置自动布局参数，可以使自动布局的结果更加完善，减少手动布局的工作量，节省设计时间。

自动布局的参数在【PCB 规则及约束编辑器】对话框中进行设置。在菜单栏中执行【设计】/【规则】命令，弹出【PCB 规则及约束编辑器】对话框，单击【Placement】（设置）前的 ⊞ 符号，逐项对其中的选项进行参数设置。

1. 【Room Definition】（空间定义规则）选项

【Room Definition】选项用于在 PCB 上定义元件布局区域，其选项设置对话框如图 7－7所示。在 PCB 上定义的布局区域有两种，一种是区域中不允许出现元件，一种是某些元件一定要在指定区域内。在该对话框中可以定义该区域的范围（包括坐标范围与工作层范围）和种类。【Room Definition】选项主要用在线 DRC、批处理 DRC 和成群地放置项自动布局的过程中。

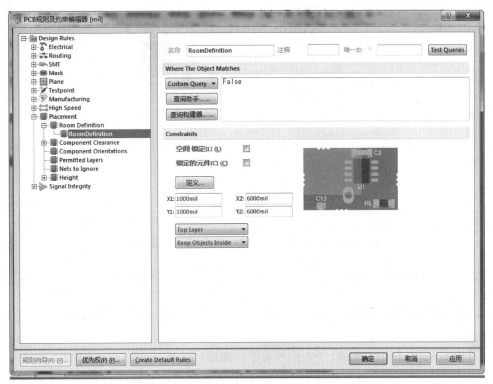

图 7－7　【Room Definition】选项设置对话框

各选项的功能如下。

（1）【空间锁定】复选框：勾选该复选框时，将锁定 Room 类型的区域，以防止在进行自动布局或手动布局时移动该区域。

（2）【锁定的元件】复选框：勾选该复选框时，将锁定区域中的元件，以防止在进行自动布局或手动布局时移动该元件。

（3）【定义】按钮：单击该按钮，光标将变成十字形状，移动光标到工作窗口中单击鼠标左键可以定义 Room 的范围和位置。

（4）【X1】【Y1】文本框：显示 Room 最左下角的坐标。

（5）【X2】【Y2】文本框：显示 Room 最右上角的坐标。

最后两个下拉列表框中列出了该 Room 所在工作层及对象与此 Room 的关系。

2.【Component Clearance】（元件间距限制规则）选项

【Component Clearance】选项用于设置元件间距，其选项设置对话框如图 7 - 8 所示。在PCB 可以定义元件的间距，该间距会影响到元件的布局。

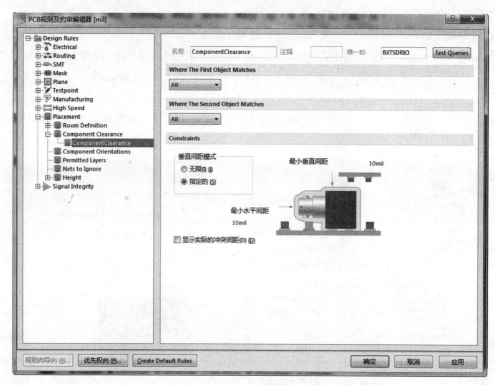

图 7 - 8　【Component Clearance】选项设置对话框

（1）【无限】单选按钮：用于设定最小水平间距，当元件间距小于该数值时将视为违例。

（2）【指定的】单选按钮：用于设定最小水平和垂直间距，当元件间距小于该数值时将视为违例。

3.【Component Orientations】（元件布局方向规则）选项

【Component Orientations】选项用于设置 PCB 上元件允许旋转的角度，其选项设置内容如图 7 - 9 所示，在其中可以设置 PCB 上所有元件允许使用的旋转角度。

4.【Permitted Layers】选项（电路板工作层设置规则）

【Permitted Layers】选项用于设置 PCB 上允许放置元件的工作层，其选项设置内容如图

7-10所示。PCB上的底层和顶层本来是都可以放置元件的，但在特殊情况下可能有一面不能放置元件，通过设置该规则可以实现上述需求。

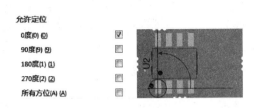

图7-9　【Component Orientations】选项设置　　　图7-10　【Permitted Layers】选项设置

5.【Nets To Ignore】（网络忽略规则）选项

【Nets To Ignore】选项用于设置在采用成群放置项方式执行元件自动布局时需要忽略布局的网络，其选项设置对话框如图7-11所示。忽略电源网络将加快自动布局的速度，提高自动布局的质量。如果设计中有大量连接到电源网络的双脚元件，设置该规则可以忽略电源网络的布局，并将与电源相连的各个元件归类到其他网络中进行布局。

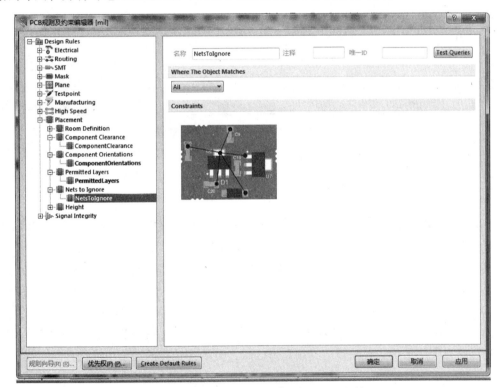

图7-11　【Nets To Ignore】选项设置对话框

6.【Height】（高度规则）选项

【Height】选项用于定义元件的高度。在一些特殊的电路板上进行布局操作时，电路板的某一区域可能对元件的高度要求很严格，此时需要设置该规则，其选项设置对话框如图7-12所示，主要有【最小的】【首选的】和【最大的】3个可选择的设置选项。

完成元件布局的参数设置后，单击【确定】按钮，保存规则设置，返回PCB编辑环境，采用系统提供的自动布局功能进行PCB元件的自动布局。

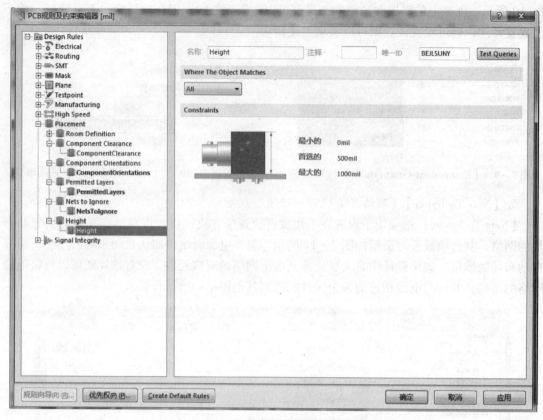

图 7 - 12 【Height】选项设置对话框

三、在矩形区域内排列

打开 PCB 文件并使之处于当前的工作窗口中，在选定区域内进行自动布局的操作如下：

（1）在已经导入了电路原理图的网络表和所使用的元件封装的 PCB 文件编辑器内，设置自动布局参数；

（2）在【Keep - out Layer】（禁止布线层）中设置布线区；

（3）选中要布局的元件，在菜单栏中执行【工具】/【器件布局】/【在矩形区域排列】命令，光标变为十字形状，在编辑区绘制矩形区域，开始在选择的矩形中进行自动布局。

四、排列板子外的元件

在大规模的电路设计中，自动布局涉及大量计算，执行起来往往要花费很长时间，用户可以进行分组布局。为防止元件过多影响排列，可将局部元件排列到板子外，先排列板子内的元件，最后排列板子外的元件。

选中需要排列到外部的元件，在菜单栏中执行【工具】/【器件布局】/【排列板子外的器件】命令，系统将自动选中的元件将被放置到板子边框外侧。

项目知识三　自动布线

PCB 布局结束后，进入电路板的布线过程。AD9 提供了自动布线的功能，可以用来自动布线。在布线之前，如果事先设置好布线规则，则可以减少很多修改工作，获得更高的布线效率和布通率。

一、自动布线规则设置

在菜单栏中执行【设计】/【规则】命令，弹出【PCB 规则及约束编辑器】对话框，如图 7 – 13 所示。在图中所示的规则中，与布线有关的选项主要是【Electrical】（电气规则）和【Routing】（布线规则）。

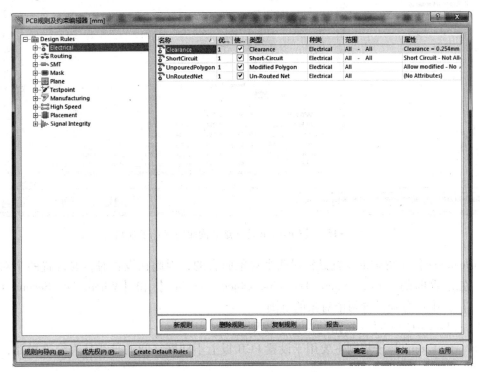

图 7 – 13　【PCB 规则及约束编辑器】对话框

1. 【Electrical】（电气规则）的设置

单击【Electrical】选项前面的⊞符号，可以看到下面包含 4 项电气子规则，如图 7 – 14 所示。

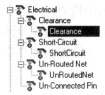

图 7 – 14　【Electrical】选项（电气规则）

1）【Clearance】（走线间距约束）子规则

【Clearance】子规则用来设置 PCB 设计中导线、焊盘、过孔以及覆铜等导电对象之间的走线间距，如图 7 – 15 所示。

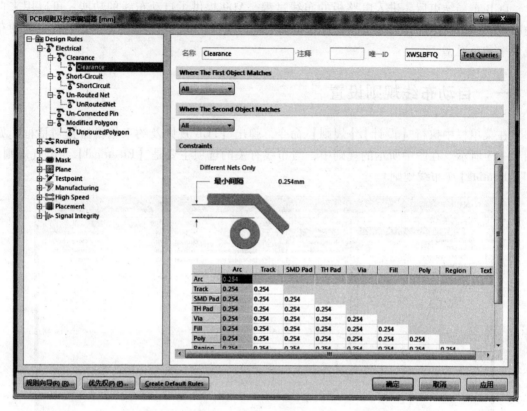

图 7 – 15 【Clearance】（走线间距约束）子规则

【Clearance】子规则的设置是针对两个对象而言的，因此在设置时，要设置两个对象的范围。在对话框的右侧【Where The First Object Matches】和【Where The Second Object Matches】栏中可分别设置两个对象的范围。

2）【Short – Circuit】（短路约束）子规则

【Short – Circuit】子规则主要用于设置 PCB 板上不同网络间的导线是否允许短路，如图 7 – 16 所示。

此规则也是针对两个对象进行设置，设置方法如【Clearance】子规则。在约束栏中有【允许短电流】复选框，若选中，则允许上面所设置的两个匹配对象导线短路，否则不允许。一般设置为不允许。

3）【Un – Routed Net】（未布线的网络）子规则

【Un – Routed Net】子规则主要用于检查 PCB 中用户指定范围内的网络是否自动布线成功，对于没有布通或者未布线的网络，将使其保持飞线连接状态。该规则不需要设置其他约束，只需创建规则，为其命名并设置适用范围即可。【Un – Routed Net】子规则如图 7 – 17 所示。

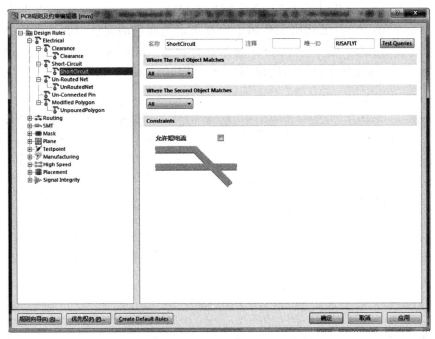

图 7 - 16 【Short - Circuit】（短路约束）子规则

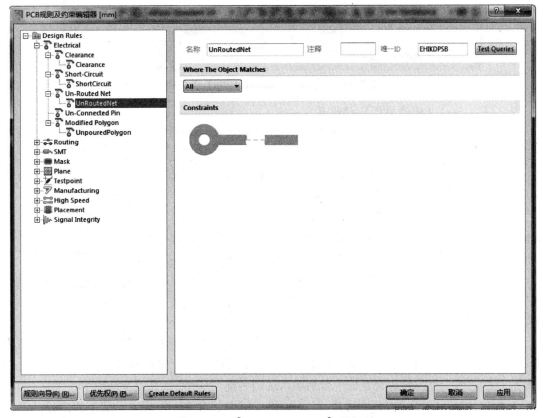

图 7 - 17 【Un - Routed Net】子规则

4)【Un – Connected Pin】(未连接的引脚)子规则

【Un – Connected Pin】子规则主要用于检查指定范围内的元件引脚是否均已连接到网络,对于未连接的引脚,给予警告提示,显示高亮状态。该规则也不需要设置其他的约束,只需创建规则,为其命名并设置适用范围即可。【Un – Connected Pin】子规则如图 7 – 18 所示。

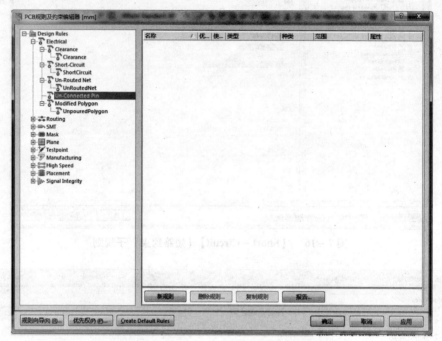

图 7 – 18 【Un – Connected Pin】子规则

2. 【Routing】(布线规则)的设置

单击【Routing】前面的⊞符号,可以看到下面包含 8 项布线子规则,如图 7 – 19 所示。

1)【Width】(导线宽度)子规则

【Width】子规则设置走线的最大、最小和推荐的宽度,如图 7 – 20 所示。参数的设置在约束栏中进行。

(1)在【名称】文本框中输入线宽规则的名称(如"All Width"),在【Where The First Object Matches】栏的下拉列表选择设置该宽度应用到 PCB 板的范围(如应用到整个 PCB 板,还是应用到 PCB 板中的某一个网络等),将最大、最小和推荐的宽度分别设置为相应的数值,单击【应用】按钮,完成宽度规则的设置。

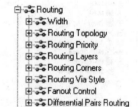

图 7 – 19 【Routing】选项

(2)如果需要增加新规则,则【Width】子规则上单击鼠标右键,在弹出的快捷菜单中选择"新规则"命令,如图 7 – 21 所示,新建一个宽度规则,规则默认名为"Width"。在【名称】栏的两个下拉列表文本框中分别输入规则名称"GND",在【Where The Object Matches】栏的两个下拉列表中分别选择"Net"和"GND"命令,将最大、最小和推荐的宽度设为相应的数值,单击【应用】按钮,完成新宽度规则的设置,如图 7 – 22 所示。

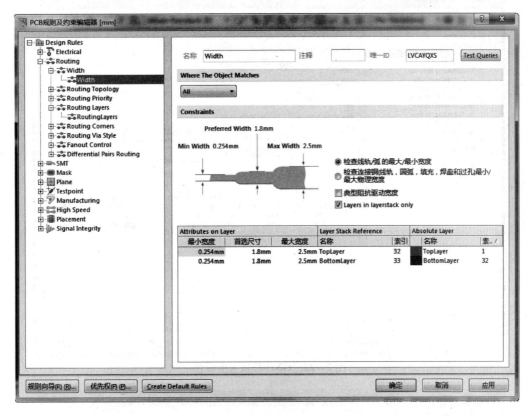

图7-20　【Width】子规则

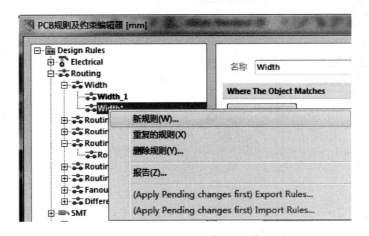

图7-21　快捷菜单中的【新规则】命令

2）【Routing Topology】（布线拓扑）子规则

【Routing Topology】子规则是布线时的拓扑逻辑约束，其对话框如图7-23所示。

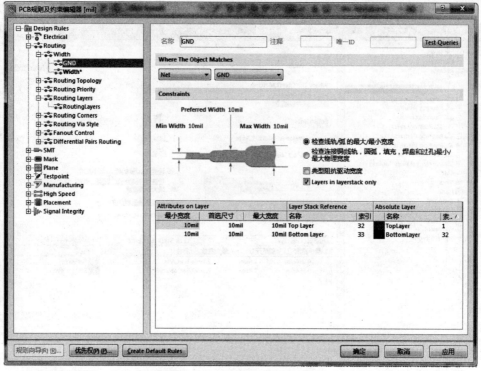

图 7-22 GND 导线宽度设置

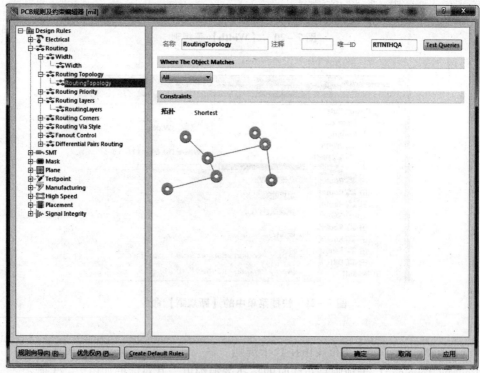

图 7-23 【Routing Topology】子规则

常用的布线拓扑约束为统计最短逻辑规则，用户可以根据具体设计选择不同的布线拓扑规则。AD9 提供的 7 种布线拓扑规则如图 7-24 所示。

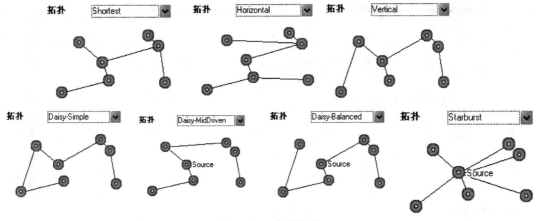

图 7 - 24 布线拓扑

（1）Shortest：最短规则设置，在布线时连接所有节点的连线最短。

（2）Horizontal：水平规则设置，在布线时连接所有节点的连线尽可能水平。

（3）Vertical：垂直规则设置，在布线时连接所有节点的连线尽可能垂直。

（4）Daisy - Simple：简单雏菊规则设置，在布线时从一点到另一点连通所有的节点，并使连线最短。

（5）Daisy - MidDriven：雏菊中点规则设置，在布线时选择一个 Source（源点），以它为中心向左右连通所有的节点，并使连线最短。

（6）Daisy - Balanced：雏菊平衡规则设置，在布线时选择一个源点，将所有的中间节点数目平均分成组，所有的组都连接在源点上，并使连线最短。

（7）Starburst：星形规则设置，在布线时选择一个源点，以星形方式连接其他节点，并使连线最短。

3）【Routing Priority】（布线优先级）子规则

【Routing Priority】子规则用于设置布线的先后顺序，其对话框如图 7 - 25 所示，设置的范围从 0 ~ 100，数值越大，优先级越高。

【Where The First Object Matches】栏由于设置优先布线的网络或层。

4）【Routing Layers】（布线层）子规则

【Routing Layers】子规则用于设置允许布线的工作层，共有 32 个布线层可以设置，其对话框如图 7 - 26 所示。由于设计的是双层板，故 Mid - Layer1 到 Mid - Layer30 都不存在，只能使用 Top Layer 和 Bottom Layer 两层。

【Where The Object Matches】栏由于设置特定的网络在指定的层面上进行布线。

5）【Routing Corners】（布线拐角）子规则

【Routing Corners】子规则用于设置允许布线时导线的拐角模式，其对话框如图 7 - 27 所示。布线拐角模式有 3 种，即【90 Degrees】、【45 Degrees】和【Rounded】。由于采用【90 Degrees】拐角时，导线容易剥落且干扰大，所以在布线时尽量采用【45 Degrees】或【Rounded】。在布线时，整个电路板的拐角应统一风格，避免使人感觉杂乱无章。

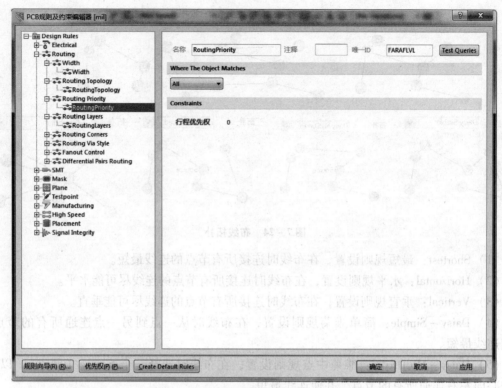

图 7 – 25　【Routing Priority】子规则

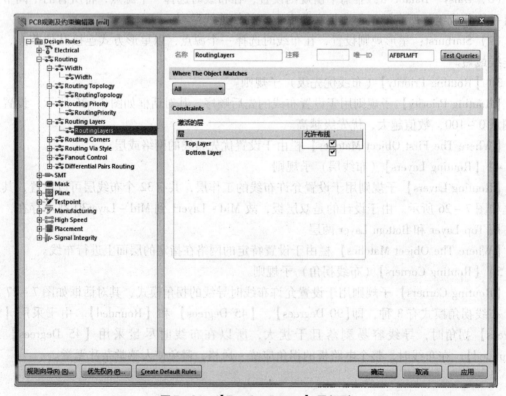

图 7 – 26　【Routing Layers】子规则

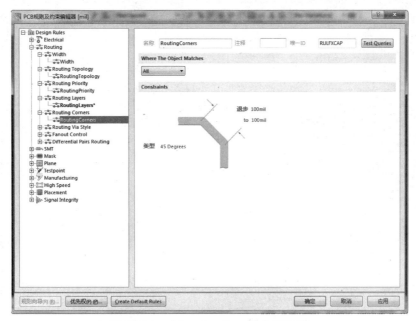

图 7-27　【Routing Corners】子规则

6）【Routing Via Style】（过孔）子规则

【Routing Via Style】子规则用于设置布线时过孔的尺寸，其对话框如图 7-28 所示。约束栏由于定义过孔的直径及过孔孔径的大小。

7）【Fanout Control】（扇出布线）子规则

【Fanout Control】子规则用于设置扇出走线的规则。

8）【Differential Pairs Routing】（差分对布线）子规则

【Differential Pairs Routing】子规则用于设置从表面粘着焊点出来多远转弯的规定。

二、自动布线

设置好布线规则后，就可以进行自动布线了。自动布线的命令集中在【自动布线】子菜单中，使用这些命令，设计者可以指定自动布线的不同范围，控制自动布线的有关进程，如终止、暂停、重置等。自动布线的具体操作如下：

（1）在菜单栏中执行【自动布线】/【全部】命令，进入【Situs 布线策略】窗口；

（2）在【Situs 布线策略】窗口中选择布线策略【Default 2 Layer Board】，并勾选【布线后消除冲突】复选框；

（3）单击【Route All】按钮，打开【Message】面板，了解布线的情况，布线完毕后给出自动全部布通信息；

（4）关闭【Message】面板。

有些电路板进行自动布线后，可能仍有少量飞线未布线成功，此时可调整相关器件位置，重新布线或手工布线。

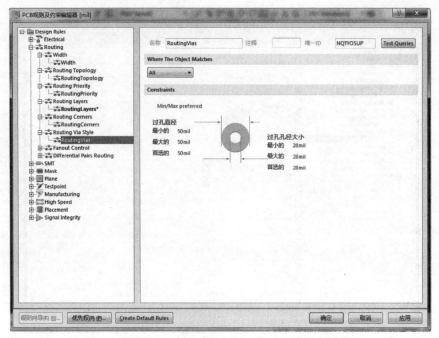

图7-28 【Routing Via Style】子规则

自动布线规则并不能满足设计者所有的设计要求，因此还需要做一些预处理工作。例如，在设计封装库时，选择的焊盘半径通常都是用默认值，如果焊盘的半径偏小，在焊接时烙铁的温度太高，会出现脱落现象，因此常常需要对焊盘做一些处理：放置填充区，加大接地面积，提高 PCB 的屏蔽效果，同时还可以改善散热条件。

【自动布线】菜单有很多用于自动布线的命令，如图7-29 所示。

(1)【网络】命令：选定需要布线的网络，在菜单栏中执行【自动布线】/【网络】命令，对所选中的网络自动布线，选择该菜单命令后，光标变成十字光标。在 PCB 编辑区内，单击处靠近焊盘时，系统会弹出如图7-30 所示的菜单。

选择需要布线网络的焊盘或者飞线，单击鼠标左键，选中的网络被自动布线。例如，在图7-31 所示的图中，选择 R8 焊盘 R8-1，则与焊盘 R8-1 选中的导线自动布线。

图7-29 【自动布线】菜单

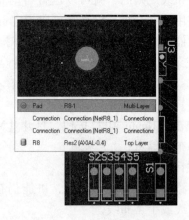

图7-30 选择需要自动布线的网络

（2）【网络类】命令：对所选中的网络类自动布线。

（3）【连接】命令：对所选中的连接自动布线。

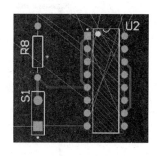

（4）【区域】命令：对所选中的区域内所有的连接布线，不管是焊盘还是飞线，只要该连接有一部分处于该区域即可。选择该菜单项后，光标变成十字光标。在 PCB 编辑区内，用鼠标选中一片区域，该区域内所有连接被自动布线。

图 7 - 31　网络自动布线效果

（5）【Room】命令：对指定 Room 空间内的所有网络进行自动布线。

（6）【元件】命令：对所选中的元件上的所有连接进行布线。选择该菜单后，光标变成十字光标。在 PCB 编辑区内，选择需要进行布线的元件，则与该元件相连的网络被自动布线。

（7）【器件类】命令：对与某个元件类中的所有元件相连的全部网络进行自动布线。

（8）【选中对象的连接】命令：对与选中的元件相连的所有飞线进行自动布线。

（9）【选择对象之间的连接】命令：对选中对象相互之间的飞线进行自动布线。

（10）【停止】命令：终止自动布线。

（11）【复位】命令：对电路重新进行自动布线。

（12）【Pause】命令：暂停自动布线。

项目知识四　PCB 设计的其他操作

一、补泪滴

为了增强印制电路板导线和焊盘之间连接的牢固性，需要对焊盘进行补泪滴处理，加固导线与焊盘的连接宽度。

在菜单栏中执行【工具】/【滴泪】命令，或者使用快捷键【T】+【E】，弹出 Teardrops（滴泪选项）对话框，如图 7 - 32 所示。

1. 【Working Mode】（工作模式）选项组

（1）【Add】单选按钮：用于添加泪滴。

（2）【Remove】单选按钮：用于删除泪滴。

2. 【Objects】（对象）选项组

（1）【All】单选按钮：选中该单选按钮，将对所有的对象添加泪滴。

（2）【Selected only】单选按钮：选中该单选按钮，将对选中的对象添加泪滴。

3. 【Options】（对象）选项组

（1）【Teardrop style】（泪滴类型）下拉列表：在该下拉列表下选择【Curved】【Line】（线）命令，表示用不同的形式添加泪滴。

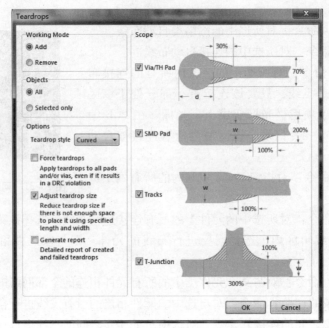

图 7 - 32 【Teardrops】对话框

（2）【Force teardrops】（强迫泪滴）复选框：勾选该复选框，将强制对所有焊盘或过孔添加泪滴，可能导致在 DRC 检查时出现错误信息。取消对该复选框的勾选，则对安全间距太小的焊盘不添加泪滴。

（3）【Adjust teardrop size】（调整泪滴大小）复选框：勾选该复选框，在进行添加泪滴的操作时可自动调整泪滴的大小。

（4）【Generate report】（创建报告）复选框：勾选该复选框，在进行添加泪滴的操作后将自动生成一个有关添加泪滴操作的报表文件，该报表将在工作窗口显示出来。

完成设置后，单击【OK】按钮，系统自动按设置要求放置泪滴。

二、覆铜

为了提高 PCB 的抗干扰性，通常对要求比较高的 PCB 实行覆铜处理。在放置覆铜时，首先切换到要覆铜的层，一般为顶层（Top Layer）或底层（Bottom Layer）；在菜单栏中执行【放置】/【多边形敷铜】命令或单击布线工具栏中的 ▦ 图标，弹出【多边形敷铜】属性对话框，如图 7 - 33所示。

1. 【填充模式】组

填空模式用来设置覆铜区网格线的排列类型，共有 3 种选择。

（1）【Solid（Copper Region）】单选按钮：实心填充。选择此填充模式时，需设置是否删除孤岛，设置孤岛面积的最小值，进行弧形逼近以及设置是否删除凹槽。

（2）【Hatched（Tracks/Arcs）】单选按钮：影线化填充。选择此填充模式时，需设置轨迹宽度、栅格尺寸、围绕焊盘宽度、孵化模式等参数。其中，包围焊盘宽度有 Arcs 和八角形两种模式，如图 7 - 34 所示；孵化模式有 4 种模式，即 90°、45°、水平的、垂直的，如图 7 - 35所示。

图 7 - 33　【多边形敷铜】属性对话框

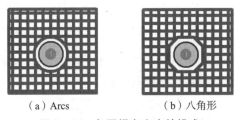

（a）Arcs　　　　　　　　（b）八角形

图 7 - 34　包围焊盘宽度的模式

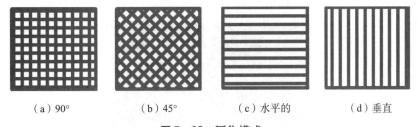

（a）90°　　　　（b）45°　　　　（c）水平的　　　　（d）垂直

图 7 - 35　孵化模式

（3）【None（Outlines Only）】单选按钮：无填充（只有边框）。选择此填充模式时，需设置导线宽度，以及围绕焊盘的形状。一般设置为影线化填充。

2.【属性】栏

（1）【名称】文本框：用于设置覆铜区的名称。

（2）【层】下拉列表：覆铜区所在的工作层。

（3）【最小整洁长度】文本框：最小覆铜尺寸长度。

（4）【锁定原始的】复选框：将覆铜区看做一个整体来执行修改、删除等操作，在执行操作时给出提示信息。

3. 【网络选项】组

主要用来设置覆铜区的网络属性。

(1)【链接到网络】下拉列表：设置覆铜区所属的网络。通常选择【GND】命令，即对地网络。

(2)【Don't Pour Over Same Net Object】命令：覆铜内部填充只与覆铜边界线及同网络的焊盘相连，不会覆盖具有相同名称的导线。

(3)【Pour Over All Same Net Object】命令：覆铜时，覆盖与覆铜区同一网络的导线，并与具有相同网络名称的图元相连。

(4)【Pour Over Same Net Polygons Only】命令：覆铜时，只覆盖具有相同网络名称的多边形填充，不会覆盖具有相同网络名称的导线。

(5)【死铜移除】命令：选择该命令可以删除和网络没有电气连接的覆铜区。

在此我们设置覆铜区属性参数为"影线化填充"【Arcs】，孵化模式为"45度"，其余采用默认设置。

设置好覆铜区参数后，选择要进行覆铜的板层，单击【确定】按钮，用鼠标拉出一段首尾相连的折线，可以为任意形状多边形，形成一个封闭的区域即可。其中，画外形过程中按空格键，可以改变起始角度，按【Shift】键 + 空格键选择拐角类型。

三、PCB 的三维效果显示

三维效果显示使用可以清晰地显示 PCB 制作后的三维立体效果，不用附加其他信息，旋转图形、任意缩放 PCB 效果图和改变背景颜色，还可以打印 3D 图像，帮助制图者提前了解电路板上各个元器件的位置及布线是否合理，如果不合理可以及时调整。

在菜单栏中执行【工具】/【遗留工具】/【3D 显示】命令，生成一个扩展名为".pcb3d"的同名文件，其三维效果如图 7 – 36 所示。

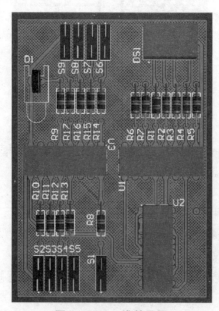

图 7 – 36　三维效果图

将鼠标移至显示窗口，按下鼠标左键拖动旋转该三维效果图，可以从不同的角度观察该电路板。

四、PCB 图的打印输出

PCB 设计完成后，可以生成和打印所需的文件。Altium Designer 16 既可以打印完整的混合 PCB 图，也可以单独打印各个层，打印方法与原理图基本相同。如果希望设置要打印的层，则在菜单栏中执行【文件】/【页面设置】命令，弹出【Composite Properties】对话框，如图 7－37 所示。

图 7－37　【Composite Properties】对话框

在【缩放模式】下拉列表中选择【Scaled Print】命令，比例中的缩放栏设置为"1"，修正 X、Y 均设置为"1"，颜色设置选项设置为"单色"，单击【高级选项】按钮，弹出【PCB Printout Properties】对话框。该对话框用于管理要打印输出的层，如果不希望打印某个层，只需在该层上单击鼠标右键，在弹出的快捷菜单中选择【Delete】命令即可，如图 7－38 所示。

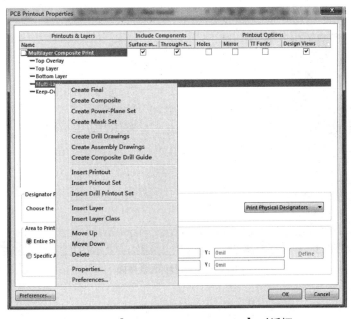

图 7－38　【PCB Printout Properties】对话框

如果希望单独打印某个层，则可以删除其余的层。例如，只打印顶层丝印层（Top Overlay），如图 7-39 所示。

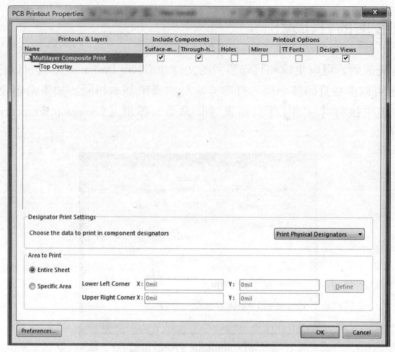

图 7-39　只打印顶层丝印层

打印前，在菜单栏中执行【文件】/【打印预览】命令，预览打印效果后打印。例如，只打印顶层丝印层的打印预览如图 7-40 所示。

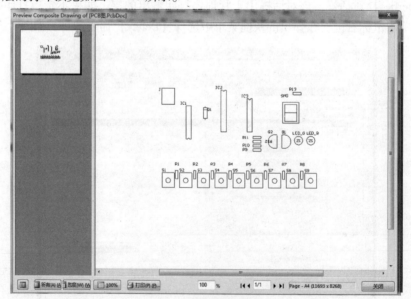

图 7-40　打印预览界面

项目实施

步骤1：创建PCB工程及原理图文件

启动Altium Designer 16，创建名为"串联型稳压电源"的PCB工程。在菜单栏中执行【文件】/【New】/【原理图】命令，为创建的PCB工程添加名为"串联型稳压电源"的原理图文件，如图7-41所示。

步骤2：绘制原理图

绘制如图7-1所示的串联型稳压电源电路原理图，其步骤参考前面原理图的绘制。

图7-41 创建PCB工程及原理图文件

步骤3：建立PCB文件

在"串联型稳压电源.PrjPcb"工程文件中，利用向导创建一个新的PCB文件"串联型稳压电源.PcbDoc"，设置电路板大小为宽为"2 000mil"，高为"2 800mil"，其余参数与项目六相同。

步骤4：设置PCB板参数

在菜单栏中执行【设计】/【板参数选项】命令，弹出【板选项】对话框，在该对话框中设置相关的图纸参数。在此采用默认参数。

步骤5：将原理图信息同步到PCB设计环境中

在PCB编辑器的菜单栏中执行【设计】/【Import Changes From 串联型稳压电源.PrjPcb】命令，将原理图信息同步到PCB设计环境中。检查信息无误后，进行元器件的布局。

步骤6：元器件的布局

本电路的PCB设计采用自动布局的方式进行元器件布局。根据"项目知识二"的内容进行操作，本电路进行自动布局后如图7-42所示。

自动布局后，进行手工调整。手工调整后的布局图如图7-43所示

步骤7：自动布线

（1）根据项目任务要求，按"项目知识二"的内容将电源线和地线的线宽设置为"30mil"，其他导线的线宽设置为"20mil"。

（2）设置好布线规则后，在菜单栏中执行【自动布线】/【全部】/【Route All】命令进行自动布线，自动布线结果如图7-44所示。

视频7-1 自动布线、双面板的设计

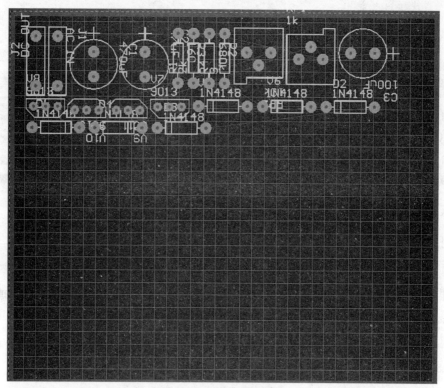

图7-42 自动布局结果

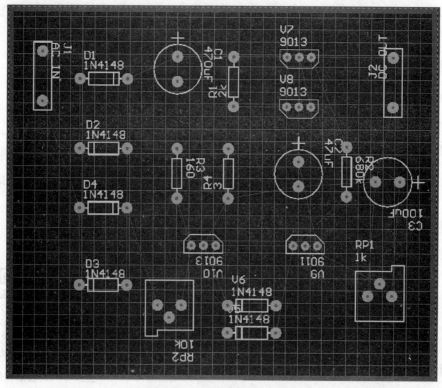

图7-43 手工调整之后的布局

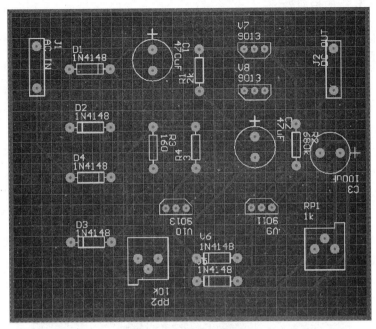

图 7 - 44　自动布线结果

步骤 8：手工调整布线

自动布线完成以后，存在一些不够完善的地方，采用手动布线的方式进行调整。手工调整布线后的 PCB 图如图 7 - 45 所示。

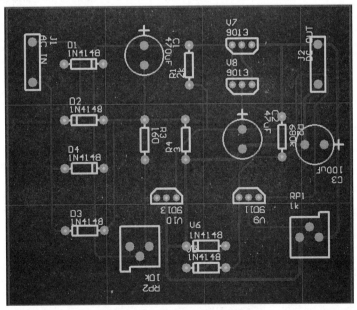

图 7 - 45　手工调整布线结果

步骤9: PCB板的后期处理

1) 补泪滴

本电路补泪滴后的电路板如图7-46所示。

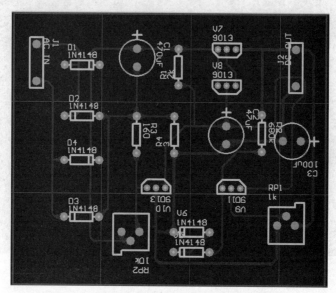

图7-46 补泪滴后的电路板

2) 覆铜

本电路在进行覆铜设置时,属性参数为"Hatched (Tracks/Arc)" (影线化填充)、"Arcs"、孵化模式"45°""底层覆铜",其他采用默认设置。覆铜后的电路板如图7-47所示。

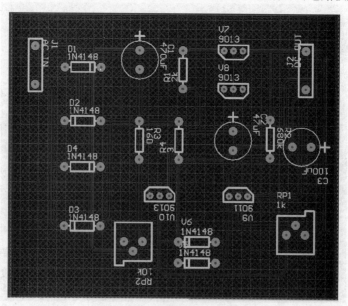

图7-47 覆铜后的电路板

3) PCB的三维效果显示

在菜单栏中执行【工具】/【遗留工具】/【3D显示】命令,系统生成的电路三维效果如

图 7-48 所示。

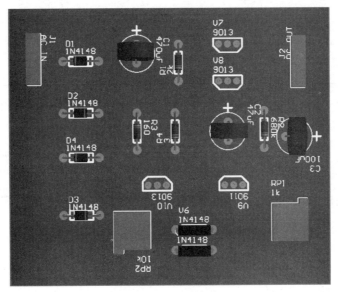

图 7-48　三维效果图

经过以上操作，串联型稳压电源的 PCB 设计已完成，保存文件即可。

项 目 训 练

（1）绘制优先编码器组成的电路的印制电路板电路图，其电路如图 7-49 所示。

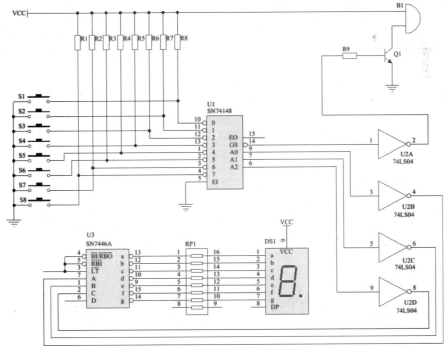

图 7-49　优先编码器组成的电路

（2）绘制如图7－50所示印制电路板电路图，要求：电源线、地线宽度为40mil，其他导线宽度为20mil。

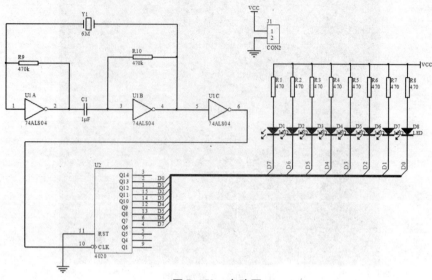

图7－50　电路图

（3）绘制单片机应用电路的印制电路板电路图，其电路如图7－51所示。

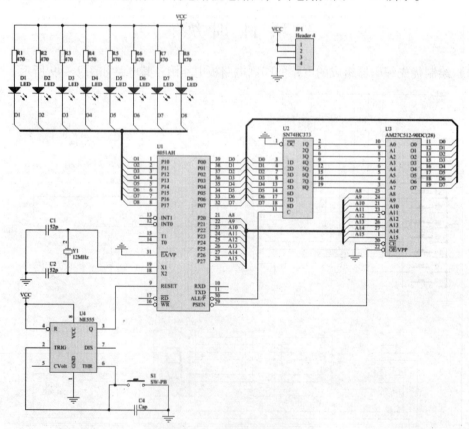

图7－51　单片机应用电路

项目八

声光双控延时照明灯
电路 PCB 板的设计

●项目引入

　　元件封装是 PCB 图的基本元素，Altium Designer 16 为 PCB 设计者提供了比较齐全的直插元器件和 SMD 元器件的封装库，这些封装库位于 Altium Designer 安装盘符下相应的文件夹中。

　　封装可以从 PCB Editor 复制到 PCB 库，从一个 PCB 库复制到另一个 PCB 库，也可以通过 PCB Library Editor 的 PCB Component Wizard 或绘图工具绘制。一般的元件封装，都能在系统提供的封装库中找到，一些特殊的元件封装则需要用户自己制作。在实际应用时需要设计者根据器件制造商提供的元器件数据手册确定元器件尺寸。本项目通过声光双控延时照明灯电路学习元器件封装的制作方法，其电路图如图 8-1 所示。

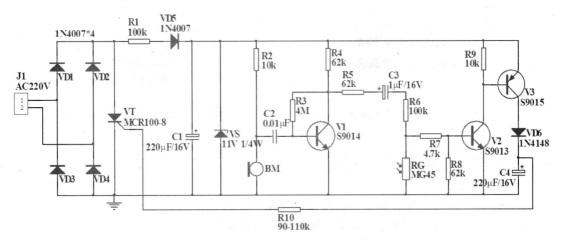

图 8-1　声光双控延时照明灯电路

● 项目目标

(1) 了解元件封装的类型;
(2) 了解元件封装的制作步骤和注意事项;
(3) 掌握正确查阅元件封装参数资料的方法;
(4) 掌握元件封装的制作过程。

● 项目知识

项目知识一　PCB 元件库的创建与编辑器认识

一、PCB 元件库的创建

(1) 在菜单栏中执行【文件】/【New】/【Library】/【PCB 元件库】命令，建立一个名为 "PcbLib1. PcbLib" 的 PCB 库文档，如图 8 – 2 所示。

(2) 在菜单栏中执行【文件】/【保存为】命令，重新命名该 PCB 库文档为 "myPcbLib1. PcbLib"，新的 PCB 封装库是库文件包的一部分，如图 8 – 3 所示。

图 8 – 2　创建 PCB 封装库

图 8 – 3　修改 PCB 封装库名称

二、PCB 库编辑器的认识

在建好的 PCB 元件库窗口中单击设计窗口左下方的【PCB Library】标签，或者单击设计窗口右下方的【PCB】按钮，在弹出的下拉菜单中选择【PCB Library】命令，进入 PCB 库文件编辑器界面。PCB 库文件编辑器主要包括菜单栏、主工具栏、元器件放置工具栏、元器件编辑区、元器件封装库管理器、标签、状态栏与命令行等，如图 8 – 4 所示。

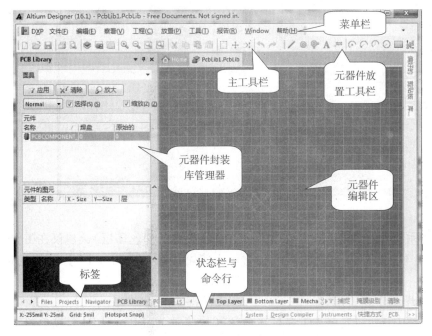

图 8 - 4　PCB 库文件编辑器界面

项目知识二　PCB 元件封装的制作

一、手动创建元件封装

下面以通孔型电解电容为例介绍 PCB 元件封装创建的具体步骤和操作。通孔型电解电容外形尺寸如图 8 - 5 所示，外围直径为 10mm，引脚间距为 5mm，引脚直径为 0.5mm，引脚 1 为正极，引脚 2 为负极。

1. 绘制轮廓线和极性标志

在"项目知识一"创建的 PCB 元件库编辑器的菜单栏中执行【放置】/【圆环】命令，按尺寸要求，在编辑器上放置一个直径为 400mil 的圆环。放置好圆环后，如果圆环尺寸不符合要求，可双击圆环，修改其参数。在菜单栏中执行【放置】/【走线】命令，在圆环的左侧画一个十字，如图 8 - 6 所示。

视频 8 - 1　手动创建元件封装

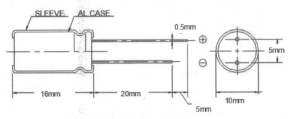

图 8 - 5　电解电容外形尺寸

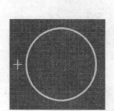

图8-6　绘制圆环

　　一般将元器件外部轮廓放置在【Top Overlay】层（即丝印层），建议在工作区（0，0）参考点位置（有原点定义）附近创建封装，使用快捷键【J】+【R】可使光标跳到原点位置。

　　2. 放置焊盘

　　在菜单栏中执行【放置】/【焊盘】命令（快捷键为【P】+【P】）或单击工具栏图标，光标处出现焊盘，放置焊盘之前，先按【Tab】键，弹出【焊盘】属性对话框，如图8-7所示。

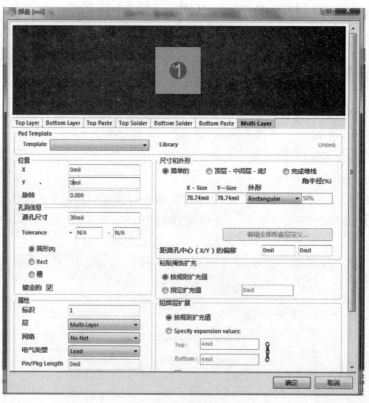

图8-7　【焊盘】属性对话框

（1）在【焊盘】属性对话框中编辑焊盘的各项属性。在【孔洞信息】组的【通孔尺寸】文本框中输入"30mil"，单击"图形"单选按钮；在【属性】组的【标识】文本框中输入"1"，在【层】下拉列表中选择【Multi－Layer】命令；在【尺寸和外形】组的【X－size】文本框和【Y－size】文本框中输入"60mil"，在【外形】下拉列表中选择【Rectangular】命令；其他设置为缺省值，按【确定】按钮，建立第一个方形焊盘。

（2）利用状态栏显示坐标，将第一个焊盘拖到（X：－100，Y：0）位置，单击任意处或者按【确定】按钮确认放置。

（3）用同样的方法设置第二个焊盘，焊盘编号为"2"。由参数可知管脚距离为5mm，即200mil，将其放在（X：100mil，Y：0）位置。

放置焊盘如图8－8所示。

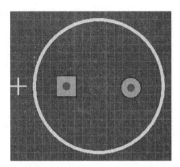

图8－8　电解电容的封装

3. 保存文件

在菜单栏中执行【工具】/【元件属性】命令，弹出【PCB库元件】对话框，在【名称】文本框中将元件重新命名为"RB.2/.4"并保存，如图8－9所示。

图8－9　保存封装

●知识链接

1.【PCB Library】面板详解

【PCB Library Editor】用于创建和修改PCB元器件封装，管理PCB器件库，其中的【PCB Library】面板提供了PCB元器件操作的各种功能。

（1）在【Components】区域单击鼠标右键，设计者可以利用弹出的快捷键菜单新建器件、编辑器件属性、复制或粘贴选定器件，或更新开放PCB的器件封装。例如，右击PCB-Component_1的空白区域，打开菜单选项，可以新建空白元件；双击新元件的名称，弹出重命名的对话框，可以更改封装的名称，如图8-10所示。

注意：快捷菜单的【复制】和【粘贴】命令可以用于选中的多个封装，并支持以下操作：

①在库内部执行复制和粘贴操作；

②从 PCB 板复制粘贴到库；

③在 PCB 库之间执行复制和粘贴操作。

（2）按照前面所讲的方法和步骤，创建多个元器件的封装，则在【PCB Library】面板的【Components】区域列出了当前库中的所有元器件，【Component Primitives】区域列出了属于当前选中元器件的图元。单击列表中的图元，在设计窗口中加亮显示，如图8-11所示。

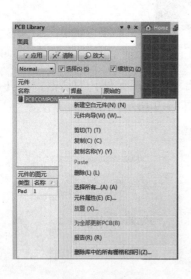

图8-10　封装的重命名

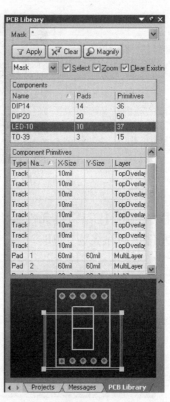

图8-11　【PCB Library】面板

注意：选中图元的加亮显示方式取决于【PCB Library】面板顶部的选项：启用【Mask】后，只有选中的图元正常显示，其他图元将显示灰色。单击工作空间右下角的【清除】按钮或【PCB Library】面板顶部的【清除】按钮将删除过滤器并恢复显示。启用【Select】后，设计者单击的图元将被选中，此时可以对其进行编辑。在【Component Primitives】区右键单击可控制其中列出的图元类型。

（3）在【Component Primitives】区域下是元器件封装模型显示区，该区有一个选择框，选择框选择的部分会被设计窗口显示，选择框的大小可以调节。

2. 焊盘标识符

焊盘由标识符（通常是元器件引脚号）进行区分，标识符由数字、字母和空格组成，最多允许 20 字符。

如果标识符以数字开头或结尾，则当设计者连续放置焊盘时，数字会自动增加，使用阵列式粘贴功能可以实现字母的递增或数字以某个步进值递增（如 A1 到 A3 的递增）。

3. 阵列粘贴功能

设置好一个焊盘的标识符后，使用阵列粘贴功能可以同时放置多个焊盘，并自动为焊盘分配标识符。焊盘标识符可以按以下方式递增：

①数字方式（如 1、3、5）；

②字母方式（如 A、B、C）；

③数字和字母组合的方式（如 1A、1B、1C 或 1A、2A、3A）；

④以数字方式递增时，通过文本增量选项设置步进值；

⑤以字母方式递增时，通过文本增量选项设置字母的增量，A 代表 1，B 代表 2，以此类推。例如，焊盘初始标志为 1A，设置文本增量选项为 B，则标识符依次为 1A、1C、1E……（每次增加 2）。

使用阵列式粘贴的步骤如下：

（1）创建原始焊盘，输入初始标识符，在菜单栏中执行【复制】命令（快捷键为【Ctrl】+【C】），单击焊盘中心设定参考点；

（2）在菜单栏中执行【编辑】/【特殊粘贴】命令，弹出【选择性粘贴】对话框，勾选【粘贴到当前层】复选框，如图 8 - 12（a）所示；

（3）单击【粘贴阵列】按钮，弹出【设置粘贴阵列】对话框，如图 8 - 12（b）所示，在【条款计数】文本框中输入需要复制的焊盘数，在【文本增量】文本框输入"1"，焊盘以线性排列，X、Y 方向的间距根据需要进行设置，单击【确定】按钮，然后在需要放置焊盘的位置单击，完成粘贴。

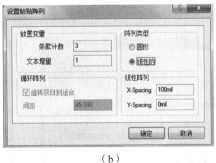

（a）　　　　　　　　　　　　　　　（b）

图 8 - 12　设置粘贴阵列

二、利用向导创建元器件封装

对于标准的 PCB 元器件封装，Altium designer 16 为用户提供了元器件封装向导，帮助用户完成 PCB 封装的制作。使用元器件封装向导时，设计者只需按照提示进行设置，即可建立一个器件封装。接下来我们以绘制 DIP16 的封装介绍利用向导创建元器件封装的操作过程。DIP16 的外形尺寸和引脚间距如图 8 - 13 所示。

视频 8 - 2　利用向导
创建元器件封装

1. 打开元件向导对话框

在菜单栏中执行【工具】/【元器件向导】命令，弹出【Component Wizard】（元件向导）对话框，如图8-14所示。单击【下一步】按钮，弹出封装类型设置对话框，如图8-15所示。

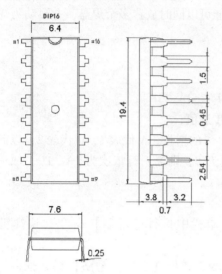

图8-13　DIP16的封装尺寸　　　　图8-14　【Component Wizard】对话框

2. 选择封装类型

对所用到的选项进行设置，在模型样式栏内选择【Dual In-line Package（DIP）】选项，即双列直插式封装，单位选择【Imperial（mil）】（英制）命令，如图8-15所示。单击【下一步】按钮，弹出焊盘尺寸设置对话框，如图8-16所示。

图8-15　选择封装类型　　　　图8-16　设置焊盘尺寸

3. 设置焊盘尺寸

根据器件的尺寸，设置圆形焊盘的外径为60mil、内径为30mil（直接输入数值修改尺度大小）。单击【下一步】按钮，弹出焊盘间距设置对话框，如图8-17所示。

4. 设置焊盘间距

根据DIP16的实际尺寸，将焊盘的水平方向间距设置为300mil，垂直方向间距设置为100mil。单击【下一步】按钮，弹元器件轮廓线设置对话框，如图8-18所示。

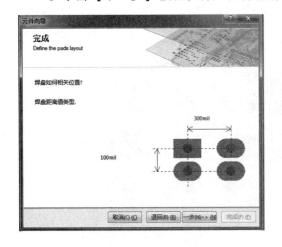 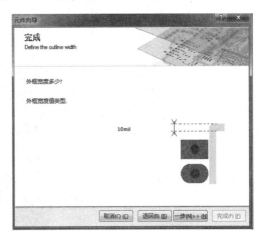

图8-17　设置焊盘间距　　　　　　　　　　图8-18　设置轮廓线

5. 设置元器件的轮廓线

选择默认设置（10mil），单击【下一步】按钮，弹出焊盘数量设置对话框，如图8-19所示。

6. 设置焊盘数量

设置焊盘（引脚）数目为16，单击【下一步】按钮，弹出元器件名称选择对话框，如图8-20所示。

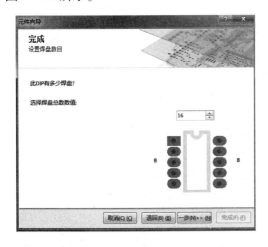

图8-19　设置焊盘数量　　　　　　　　　　图8-20　设置封装名称

7. 设置封装名称

默认的元器件名为DIP16，如果不修改名称，则单击【下一步】按钮，弹出完成绘制对话框，如图8-21所示。

8. 确认以上设置，完成封装的绘制

单击【完成】按钮结束向导，在【PCB Library】面板元件列表中会显示新建的DIP16

封装名，同时，设计窗口会显示新建的封装。如果需要可以对封装进行修改。

9. 保存库文件

在菜单栏中执行【文件】/【保存】命令或使用快捷键【Ctrl】+【S】保存库文件。

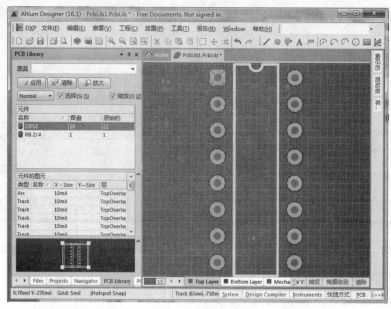

图 8-21　完成封装绘制

三、复制、编辑 PCB 元件封装

通过制作 4 脚按键的封装来讲述复制、编辑已有的 PCB 元件封装的操作过程。4 脚按键的外形与尺寸如图 8-22 所示。

（a）4 脚按键的外形　　（b）4 脚按键的封装尺寸

图 8-22　4 脚按键的外形与尺寸

4 脚按键的封装可以在 Micellaneous Devices PCB. PcbLib 封装库中的 SPST-2 封装的基础上改进得到。

1. 新建封装

在菜单栏中执行【工具】/【新元件】命令。

2. 复制封装

打开 "Micellaneous Devices PCB. PcbLib" 封装库，复制库中的 SPST-2 封装到新建的编辑器，如图 8-23 所示。

3. 编辑、修改封装

按照图8－22所给尺寸修改封装，另外放置2个焊盘，重新编号为"1""2""3""4"，焊盘尺寸设置为孔径"30mil"，直径"60mil"。修改好的按键封装如图8－24所示。

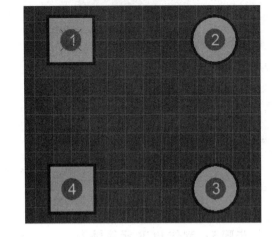

图 8－23　复制 SPST－2　　　　　　　　图 8－24　修改 SPST－2 封装

4. 命名及保存

完成焊盘绘制后，命名为"Key4"并保存。

项 目 实 施

步骤1：创建 PCB 工程、添加原理图文件与原理图库文件

启动 Altium Designer 16，创建名为"声光双控延时照明灯电路"的 PCB 工程，在菜单栏中执行【文件】/【New】/【原理图】命令，为创建的 PCB 工程添加名为"声光双控延时照明灯电路"的原理图文件；在菜单栏中执行【文件】/【New】/【库】/【原理图库】命令，为创建的 PCB 工程添加名为"声光双控延时照明灯电路"的原理图库文件，如图8－25所示。

步骤2：绘制原理图元件

在原理图库文件中绘制图8－1中的光敏电阻与驻极体话筒。

步骤3：绘制原理图

绘制如图8－1所示的声光双控延时照明灯电路原理图，其步骤参考前面原理图的绘制。

步骤4：添加 PCB 文件及 PCB 库文件

在"声光双控延时照明灯电路 . PrjPcb"工程文件中，分别建立一个新的 PCB 文件"声光双控延时照明灯电路 . PcbDoc"和 PCB 库文件"声光双控延时照明灯电路 . PcbLib"，如图8－26所示。

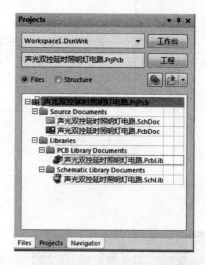

图8-25 创建 PCB 工程等文件   图8-26 添加 PCB 文件及 PCB 库文件

步骤5：制作 PCB 元件封装

查阅有关元件的元件封装参数资料，在 PCB 库文件中制作光敏电阻、驻极体话筒和电解电容的封装。

步骤6：将原理图信息同步到 PCB 设计环境中

在 PCB 编辑器的菜单栏中执行【设计】/【Import Changes From 声光双控延时照明灯电路.PrjPcb】命令，将原理图信息同步到 PCB 设计环境中，并检查信息直至信息无误。

步骤7：元器件的布局

将驻极体话筒移动到指定位置，再移动其他元件，布局效果如图8-27所示。

步骤8：布线

（1）设置线宽：最小宽度为 0.8mm、最大宽度为 3mm、推荐宽度为 1.5mm。

（2）设置好布线规则后，在菜单栏中执行【自动布线】/【全部】/【Route All】命令，进行自动布线，自动布线后再进行手工调整。布线效果如图8-28所示。

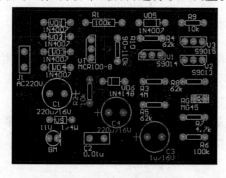

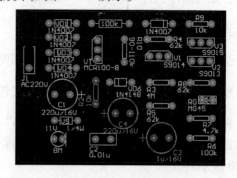

图8-27 自动布局效果   图8-28 布线效果

步骤9：补泪滴

在菜单栏中执行【工具】/【泪滴】命令，对本电路进行补泪滴，补泪滴后的电路板如图 8 – 29 所示。

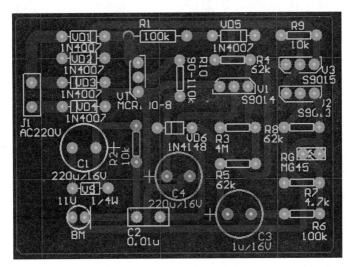

图 8 – 29　补泪滴后的电路板

完成声光双控延时照明灯电路的 PCB 板设计，保存文件。

项 目 训 练

1. 绘制如图 8 – 30 所示的 4 位数码管的封装，方形焊盘为引脚 1，逆时针方向依次排列，相邻焊盘之间距离为 100mil，外形尺寸为 1 100mil * 500mil，两行焊盘间距为 400mil。

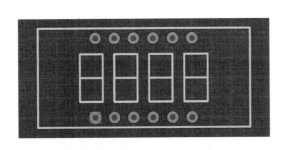

图 8 – 30　四位数码管封装

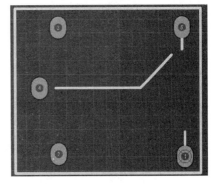

图 8 – 31　继电器封装

2. 绘制如图 8 – 31 所示的继电器封装，外形尺寸为 720mil * 640mil，引脚 1 和引脚 5 的距离为 480mil，引脚 1 和引脚 2 的距离为 480mil，引脚 2 与引脚 4 在垂直方向上的距离为 240mil。

3. 绘制数码显示电路的印制电路板电路图，如图 8 – 32 所示。

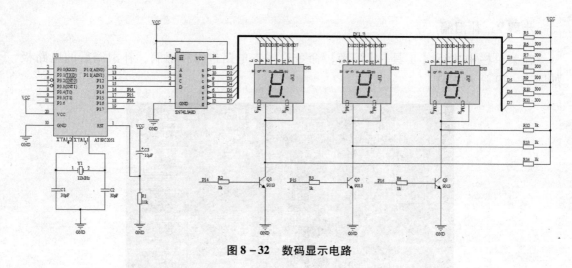

图 8 – 32　数码显示电路

项目九

物体流量计数器电路
PCB 板的设计

●项目引入

在前面的项目中，我们学习了新建项目和文件、安装和使用元件库、编辑原理图、绘制原理图元器件、生成和编辑 PCB 图、创建和加载集成元件库等。下面通过一个综合项目来巩固前面学过的知识。

绘制如图 9−1 所示的物体流量计数器电路图，元器件清单见表 9−1，要求如下：

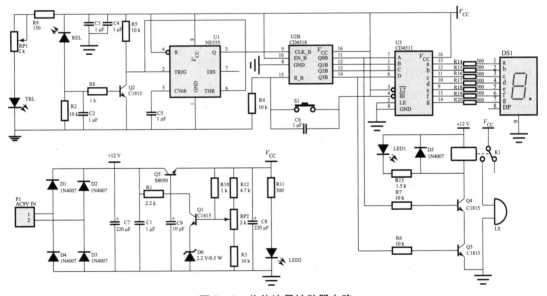

图 9−1 物体流量计数器电路

（1）创建原理图文件，图纸设置为 A4，可视栅格设置为 10，捕捉栅格设置为 10，电气栅格设置为 5；

（2）创建一个集成元件库，命名为我的元件库，该集成元件库由需要自制封装的元件组成；

（3）元件布局均匀、整齐；

（4）编译文件，并排除电路图中的错误；

（5）创建 PCB 文件，图纸设置为 4 000mil ＊ 3 000mil，并将原理图信息发送到目标 PCB 中；

（6）对 PCB 板进行合理的布局和布线，设计出单面印制线路板。

表 9－1　元器件清单

序号	元件名称	编号	规格	封装	序号	元件名称	编号	规格	封装
1	电阻	R1	2.2kΩ	AXIAL－0.4	29	电解电容	C7	220μF/25V	RAD－0.3
2	电阻	R2	10kΩ	AXIAL－0.4	30	电解电容	C8	220μF/25V	RAD－0.3
3	电阻	R3	10kΩ	AXIAL－0.4	31	电解电容	C9	10μF/25V	RAD－0.3
4	电阻	R4	10kΩ	AXIAL－0.4	32	二极管	D1	1N4007	自制封装
5	电阻	R5	10kΩ	AXIAL－0.4	33	二极管	D2	1N4007	自制封装
6	电阻	R6	10kΩ	AXIAL－0.4	34	二极管	D3	1N4007	自制封装
7	电阻	R7	10kΩ	AXIAL－0.4	35	二极管	D4	1N4007	自制封装
8	电阻	R8	1kΩ	AXIAL－0.4	36	二极管	D5	1N4007	自制封装
9	电阻	R9	150Ω	AXIAL－0.4	37	稳压二极管	D6	2.2V	自制封装
10	电阻	R10	1kΩ	AXIAL－0.4	38	发光二极管	LED2	绿色	自制封装
11	电阻	R11	300Ω	AXIAL－0.4	39	发光二极管	LED1	红色	自制封装
12	电阻	R12	4.7kΩ	AXIAL－0.4	40	红外发射管	TRL	白色	自制封装
13	电阻	R13	1.5kΩ	AXIAL－0.4	41	红外接收管	REL	黑色	自制封装
14	电阻	R14	300Ω	AXIAL－0.4	42	三极管	Q1	C1815	自制封装
15	电阻	R15	300Ω	AXIAL－0.4	43	三极管	Q2	C1815	自制封装
16	电阻	R16	300Ω	AXIAL－0.4	44	三极管	Q3	C1815	自制封装
17	电阻	R17	300Ω	AXIAL－0.4	45	三极管	Q4	C1815	自制封装
18	电阻	R18	300Ω	AXIAL－0.4	46	三极管	Q5	C8050	自制封装
19	电阻	R19	300Ω	AXIAL－0.4	47	数码管	DS1	共阴极	自制封装
20	电阻	R20	300Ω	AXIAL－0.4	48	接线端子	P1	CON2	HDR1×2
21	可调电阻	RP1	2kΩ	自制封装	49	复位开关	S1	SW6×6	自制封装
22	可调电阻	RP2	10kΩ	自制封装	50	集成电路	U1	NE555	DIP8
23	电容	C1	0.1μF	自制封装	51	集成电路	U2	CD4518	DIP16
24	电容	C2	0.1μF	自制封装	52	集成电路	U3	CD4511	DIP16
25	电容	C3	0.1μF	自制封装	53	继电器	K1	JQC－3F	自制封装
26	电容	C4	0.1μF	自制封装	54	蜂鸣器	LS	—	自制封装
27	电容	C5	0.1μF	自制封装	55	8P 座子	—	配 U1	DIP8
28	电容	C6	0.1μF	自制封装	56	16P 座子	—	配 U2、U3	DIP16

● 项 目 目 标

（1）具备综合运用各种菜单和工具的能力；
（2）熟练使用 Altium Desinger 16 设计布局规范、合理的原理图；
（3）熟练使用 Altium Desinger 16 设计布局、布线规范的印制线路板图；
（4）熟练解决在使用 Altium Desinger 16 过程中出现的问题。

● 项 目 知 识

项目知识一　集成元件库的创建

视频 9 – 1　集成元件
库的创建

　　Altium Designer 16 提供了两类基本的集成元件库，分别为【Miscellaneous Devices】和【Miscellanous Connecters】，如图 9 – 2 所示。在这两类集成元件库中，可以找到一些常见的基本元器件及其封装，如电阻、电容、变压器、排针、晶振等。但是，在实际的电路设计项目过程中，很多元器件无法在这两类集成元件库中找到，因此，需要用户制作属于自己的集成元件库。制作好的集成元件库在此后的电路设计中可以直接加载使用，而无需重新制作。

图 9 – 2　Altium Designer 16 自带的
两类基本集成元件库

　　下面以电容器 Cap、光敏电阻 RG 和双列直插式芯片 74LS48 三个元件构成的元件库介绍创建集成元件库的操作。

一、创建集成元件库工程相关文件

　　1. 创建集成元件库工程
　　打开 Altium Designer 16，在菜单栏中执行【文件】/【New】/【Project】/【Integrated Library】命令，创建一个集成元件库工程文件；执行【文件】/【保存工程为】命令，刚创建的集成元件库工程文件保存并命名为"My_Library. LibPkg"。
　　2. 创建原理图元件库文件
　　在菜单栏中执行【文件】/【New】/【Library】/【原理图库】命令，创建一个原理图元件库文件；执行【文件】/【保存】命令，将创建的原理图元件库文件保存并命名为"Schlib. SchLib"。
　　3. 创建 PCB 元件库文件
　　在菜单栏中执行【文件】/【New】/【Library】/【PCB 元件库】命令，创建一个 PCB 元件库文件；执行【文件】/【保存】命令，将创建的 PCB 元件库文件保存并命名为 "PcbLib. PcbLib"。

创建好的集成元件库工程相关文件如图 9-3 所示。

二、为原理图元件库添加元件

根据项目三"项目知识一"的内容绘制原理图元件，绘制好的原理图元件如图 9-4 所示。

图 9-3 集成元件库工程相关文件

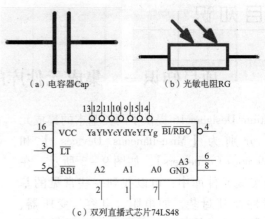

（a）电容器Cap （b）光敏电阻RG

（c）双列直播式芯片74LS48

图 9-4 绘制好的原理图元件

三、为 PCB 元件库添加元件封装

根据项目八"项目知识二"的内容制作 PCB 元件封装，制作好的 PCB 元件封装如图 9-5所示。

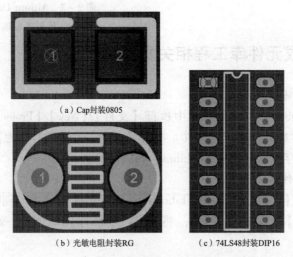

（a）Cap封装0805

（b）光敏电阻封装RG （c）74LS48封装DIP16

图 9-5 绘制好的原理图元件

四、连接符号与封装

所有的原理图元件（元件符号）与 PCB 元件封装绘制完成后，连接所有元件，为它们建立配对关系。

在进行连接之前，先对照图 9-6 和图 9-7 确认所有元件的符号和封装是否全部创建完毕，如果列表中存在空白元件则将其删除。

图 9-6　原理图元件列表

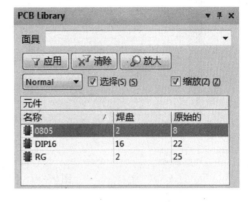

图 9-7　PCB 元件封装列表

下面以电容器 Cap 为例介绍元件的连接操作，它的符号为 Cap，封装名称为 0805。

（1）在原理图元件编辑界面单击编辑区下方的【Add Footprint】按钮，弹出【PCB 模型】对话框，如图 9-8 所示。

图 9-8　【PCB 模型】对话框

（2）单击对话框上方的【浏览】按钮，弹出【浏览库】对话框，选中"0805"，如图9-9所示。单击【确定】按钮关闭对话框，回到【PCB 模型】对话框。

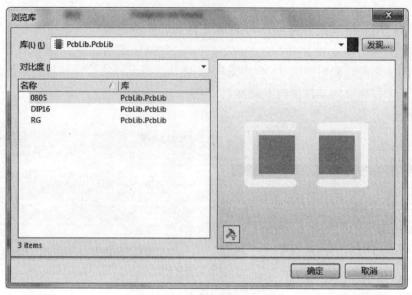

图9-9　【浏览库】对话框

（3）电容器封装"0805"显示在对话框中，如图9-10所示。关闭【PCB 模型】对话框。

图9-10　加入电容器封装"0805"加入

（4）同时，封装"0805"出现在原理图元件编辑界面的模型管理区，如图9-11所示。连接完毕。

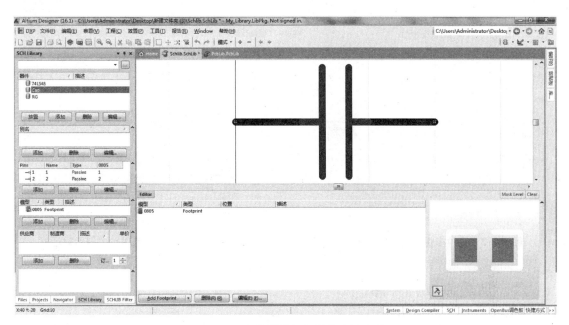

图9-11　电容器符号与封装连接完成

以上演示了电容器符号Cap与封装的连接操作，其他元件也完全相同。待全部元件的符号与封装连接操作完成后，在菜单栏中执行【文件】/【全部保存】命令，保存全部文档。

五、编译集成元件库

要将绘制的元件（包括符号和封装）应用到设计中，必须将它们编译成为集成元件，可以在菜单栏中执行【工程】/【Compile Integrated Library My_Library. Libpkg】命令，编译集成元件库。

在编译前应先保存各元件库，否则，执行编译命令后，会弹出提示框提示设计者保存设计，如图9-12所示。编译完成后，会在元件库的相同位置自动生成一个名为"Project Outputs for My_Library"的文件夹，集成元件库位于该文件夹中。另外，编译成功的集成元件库会自动加载到右侧的元件库面板中，并且可以直接应用到设计中。

如果编译时弹出如图9-13所示的消息框，则说明原理图元件库或者PCB元件库中有元件存在问题。例如，某个元件的符号引脚与封装焊盘的编号不一致时，就会在编译时出现错误。

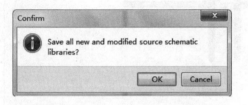

图 9 – 12　元件库保存提示对话框　　　　图 9 – 13　编译出现错误时的提示对话框

六、加载集成元件库

一个稍复杂的 PCB 项目需要用到的元件通常存放于多个集成元件库中。系统自带的多个集成元件库在需要时，可以随时加载，其中，【Miscellaneous Devices】是最常用的。

如果自己创建并编译完成的集成元件库没有出现在元件库面板中，可以自行加载，加载步骤如下。

（1）在【库】面板中单击编辑区右侧的元件库面板【库】标签，打开元件【库】面板，单击面板中的【Libraries】按钮，弹出【可用库】对话框，如图 9 – 15 所示。

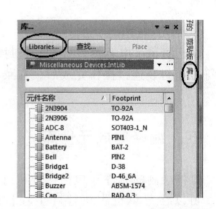

图 9 – 14　元件【库】面板

图 9 – 15　【可用库】对话框

（2）单击【Installed】选项卡，然后单击【安装】按钮，在弹出的下拉列表中选择
【Install from file】命令，弹出【打开】对话框，如图9-16所示。在"C：\Users\Administra-
tor\Desktop\集成元件库\Project Outputs for My_Library"目录下找到编译完成的集成元件库
"My_Library"，然后单击【打开】按钮打开该集成元件库。

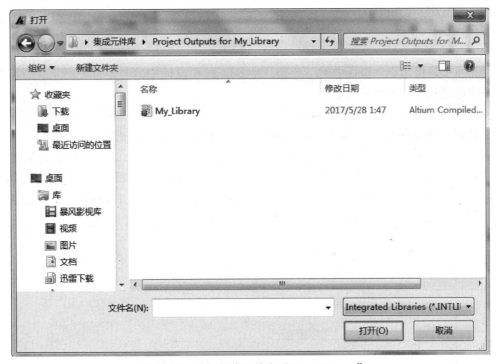

图9-16　选择集成元件库"My-Library"

（3）返回【可用库】对话框，此时，集成元件库"My-Library"出现在已安装目录
中，如图9-17所示。单击【关闭】按钮关闭该对话框。

（4）再次察看元件库面板，单击元件库栏右侧的 按钮，集成元件库"My Library"
的元件显示在库面板元件列表中，如图9-18所示。

图9-17　完成加载集成元件库

图9-18　元件库列表中新
加载的集成元件库

项目知识二 过孔与 MARK 点

一、过孔（Via）

1. 过孔简述

过孔通常是指印刷电路板中的一个孔，是多层 PCB 设计中的一个重要因素，可以用来固定安装插接元件或连通层间走线。

一个过孔主要由三部分组成，即孔、孔周围的焊盘区和 Power 层隔离区，如图 9－19 所示，其俯视图如图 9－20 所示。过孔的工艺过程是在过孔的孔壁圆柱面上用化学沉积的方法镀上一层金属，用以连通中间各层需要连通的铜箔，而过孔的上下两面做成普通的焊盘形状，可以直接与上下两面的线路相通，也可以不连通。电镀的壁厚度为 0.001inch（1mil）或 0.002inch（2mil），完成的孔直径可能要比钻孔小 2mil－4mil。其中，钻孔的尺寸与完工的孔径尺寸之间的差是电镀余量。过孔可以起到电气连接、固定或定位器件的作用。

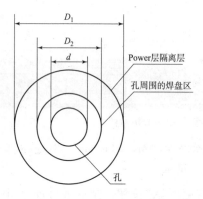

图 9－19 过孔示意图

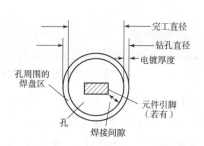

图 9－20 过孔的俯视图

2. 过孔的分类

过孔一般又分为三类，即盲孔、埋孔和通孔，如图 9－21 所示。

（1）盲孔位于印刷线路板的顶层和底层表面，具有一定的深度，用于表层线路和下面内层线路的连接，孔的深度与孔径通常不超过一定的比率。

（2）埋孔位于印刷线路板内层，不会延伸到线路板的表面。

（3）通孔穿过整个线路板，用于实现层间走线互连或作为元件的安装定位孔。

由于通孔在工艺上更易于实现，成本较低，所以一般印制电路板均使用通孔，而不使用另外两种过孔。

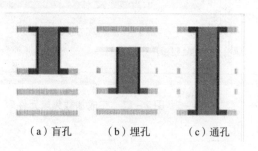

（a）盲孔　（b）埋孔　（c）通孔

图 9－21 过孔的分类

3. 过孔的电磁分析

1）过孔的寄生电容

过孔本身存在着对地的寄生电容，若过孔在铺地层上的隔离孔直径为 D_2，过孔焊盘的直径为 D_1，PCB 的厚度为 T，板基材介电常数为 ε，则过孔的寄生电容大小近似为

$$C = 1.41 \times \frac{\varepsilon * T * D_1}{D_2 - D_1}$$

过孔的寄生电容会延长信号的上升时间，降低电路的速度，电容值越小，影响越小。

2）过孔的寄生电感

过孔存在寄生电感，在高速数字电路的设计中，过孔的寄生电感带来的危害往往大于寄生电容的影响。过孔的寄生串联电感会削弱旁路电容的作用，减弱整个电源系统的滤波效果。若 L 为过孔的电感，h 是过孔的长度，d 是中心钻孔的直径，过孔的寄生电感近似为

$$L = 5.08h\left[\ln\left(\frac{4h}{d}\right) + 1\right]$$

从上式中可以看出，过孔的直径对电感的影响较小，而对电感影响最大的是过孔的长度。

3）返回电流与过孔的关系

返回电流流向的基本原则是高速返回信号电流沿着最小的电感路径前进。对于 PCB 中不止一个地平面的情况，返回电流在最靠近信号线的地平面上，直接沿着信号线下面的一条路径行进。对于两个不同的电流环路，如果电感相等，则两条路径产生的总磁通量和总磁辐射相等。

相对于信号电流从一点到另一点沿同一层流动的情况，若使信号在两点之间的某个地方经过一个过孔到另一层，若没有提供地平面之间的连接，返回电流将无法跳跃，此时路径包括的电感量要比原来有所增加，这样不仅会产生更多的辐射，还会产生更多的串扰，所以，不能无限制地使用过孔，另外，要提供合适的接地过孔。

4. 过孔的设计原则

1）普通 PCB 中的过孔选择

在普通 PCB 的设计中，过孔的寄生电容和寄生电感对 PCB 设计的影响较小，对 1～4 层 PCB 设计，一般选用 0.36 mm/0.61 mm/1.02 mm（钻孔/焊盘/Power 隔离区）的过孔较好，一些特殊要求的信号线（如电源线、地线、时钟线等）可以选用 0.41 mm/0.81 mm/1.32 mm 的过孔，也可以根据实际选用其余尺寸的过孔。

2）高速 PCB 中的过孔设计

（1）选择合理的过孔尺寸。对于一般密度的多层 PCB 设计来说，选用 0.25 mm/0.51 mm/0.91 mm（钻孔/焊盘/Power 隔离区）的过孔较好；对于一些高密度的 PCB 既可以使用 0.20 mm/0.46 mm/0.86mm 的过孔，也可以尝试非穿导孔；对于电源或地线的过孔则可以考虑使用尺寸较大的过孔，以减小阻抗。

（2）Power 隔离区越大越好。考虑 PCB 上的过孔密度，一般有 $D1 = D2 + 0.41$ mm。

3）过孔设计的其他注意事项

（1）过孔越小，其自身的寄生电容也越小，更适合用于高速电路。

（2）PCB 上的信号走线尽量不换层，也就是说尽量减少过孔。

（3）使用较薄的 PCB 有利于减小过孔的两种寄生参数。

（4）电源和地的管脚要就近做过孔，过孔和管脚之间的引线越短越好，避免电感的增加；电源和地的引线要尽可能粗，以减少阻抗。

（5）在信号换层的过孔附近放置一些接地过孔，为信号提供短距离回路。

（6）确保接地过孔的设置为返回电流提供最近的回路，如图 9-22 所示。

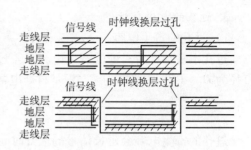

图 9-22　设置多接地过孔

如果能在过孔附近就近提供接地过孔，则整个回路所包围的面积明显要比在远处提供接地过孔的回路面积小，有效减小了板子的辐射。

5. 过孔的绘制

（1）用鼠标左键单击【布线工具栏】中放置过孔的图标，或者在菜单栏中执行【放置】/【过孔】命令，在需要放置过孔的地方单击鼠标左键即可放置过孔。如果需要设置过孔的属性，可以双击放置好的过孔或者在放置过孔之前按键盘的【Tab】键进行过孔属性的设置。

（2）如果在进行手动布线的过程中放置过孔，可以按下面的方法操作。

例如，在底层【Bottom Layer】绘制一条水平线，在水平线终点位置（需要换层的位置）按小键盘的【＊】键，此时仍处于画线状态，而当前工作层变为顶层【Top Layer】，单击，则在水平线终点位置出现一个过孔，继续画线操作，此时是在顶层【Top Layer】画线，直到完成这一条线的绘制任务。

注：①小键盘【＊】键的作用是在底层【Top Layer】和顶层【Bottom Layer】之间切换；

　　②小键盘【＋】键和【－】键的作用是依次切换工作层标签中显示的各层。

二、Mark 点介绍及绘制

1. Mark 点及作用

Mark 点也称基准点或识别点，是供贴片机或者插件机识别 PCB 的坐标、方便元件定位的标记。贴片机对比基准点和程序中设定的 PCB 原点坐标修正贴片元件的坐标，做到准确定位。因此，Mark 点对 SMT 生产至关重要。

2. Mark 点的组成

一个完整的 Mark 点应包括标记点（或特征点）和空旷区域，如图 9-23 所示。其中，标记点为实心圆，空旷区域是标记点周围一块没有其他电路特征和标记的空旷面积。

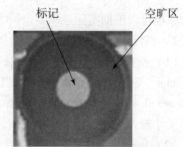

图 9-23　完整的 Mark 点

3. Mark 点的类别

Mark 点的类别见表 9 – 2。

表 9 – 2　Mark 点的类别

Mark 点分类	作用	地位	附图	备注
单板 Mark	单块板上定位所有电路特征的位置	必不可少	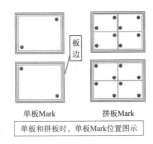	标记点或特征点 Mark点空旷区 完整的Mark点组成
拼板 Mark	拼板上辅助定位所有电路特征的位置	辅助定位		
局部 Mark	定位单个元件的基准点标记，以提高贴装精度（QFP、CSP、BGA等重要元件必须有局部 Mark）	必不可少		

4. Mark 点设计规范

1）位置

（1）Mark 点位于单板或拼板上的对角线相对位置且尽量分开，最好分布在最长对角线位置。Mark 点位置如图 9 – 24 所示。

（2）为保证贴装精度的要求，SMT 要求每块 PCB 内必须至少有一对符合设计要求的可供 SMT 机器识别的 Mark 点，同时必须有单板 Mark（拼板时），拼板 Mark 或组合 Mark 只起辅助定位的作用。

（3）拼板时，每一单板的 Mark 点相对位置必须相同，不能因为任何原因而挪动拼板中任一单板上 Mark 点的位置，而导致各单板 Mark 点位置不对称；

（4）PCB 上的所有 Mark 点只有满足在同一对角线上且成对出现的两个 Mark，方才有效，因此，Mark 点必须成对出现，才能使用。Mark 点位置如图 9 – 24 所示。

2）尺寸

Mark 点标记的最小直径为 1.0mm，最大直径为 3.0mm，在同一块印制板上尺寸变化不能超过 25 μm，其尺寸如图 9 – 25 所示。

单板Mark　　　拼板Mark

单板和拼板时，单板Mark位置图示

单层板Mark　　　多层板Mark

图 9 – 24　Mark 点位置图　　　　图 9 – 25　Mark 点尺寸示意图

同一板号 PCB 上所有 Mark 点的大小必须一致（包括不同厂家生产的同一板号的 PCB）。建议 RD – Layer 将所有图档的 Mark 点标记直径统一设置为 1.0mm。

3）边缘距离

Mark 点（空旷区边缘）距离 PCB 边缘不能小于 5.0mm（机器夹持 PCB 最小间距要求），且必须在 PCB 板内而非在板边，并满足最小的 Mark 点空旷度要求，如图 9 – 26 所示。

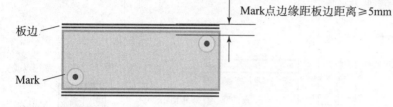

图 9 – 26　Mark 点边缘距离

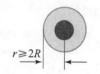

图 9 – 27　空旷区要求

4）空旷区要求

在 Mark 点标记周围必须有一块没有其他电路特征或标记的空旷面积，空旷区圆半径 $r \geqslant 2R$（R 为 Mark 点中标记点的半径），如图 9 – 27 所示。r 达到 $3R$ 时，机器识别效果最好。

5）材料

Mark 点标记可以是裸铜、清澈的防氧化涂层保护的裸铜、镀镍或镀锡，以及焊锡涂层。如果使用阻焊（Soldermask），不应该覆盖 Mark 点或其空旷区域。

6）平整度

Mark 点标记的表面平整度应该在 $15\mu m$ 之内。

7）对比度

（1）当 Mark 点标记与印制板的基质材料之间出现高对比度时可达到最佳的识别性能。

（2）所有 Mark 点的内层背景必须相同。

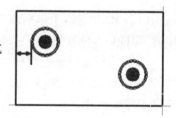

图 9 – 28　某电路绘制好的
Mark 点

5. Mark 点的绘制

以某电路左上角 Mark 点的放置为例，如图 9 – 28 所示。

1）放置标记点

单击【布线工具栏】的 ◎ 图标，放置焊盘，按【Tab】键弹出【焊盘】属性对话框中，设置【X – Size】和【Y – Size】的值均为"2mm"，【通孔尺寸】的值为"0"，【层】选择【Top Layer】命令，如图 9 – 29 所示。在距 PCB 板的上侧边 220mil、左侧边 450mil 的位置放置该焊盘。

2）绘制空旷区域

单击【应用程序工具栏】中【应用工具】的 ✎ ▾ 图标，在下拉列表中单击【放置圆环】图标 ◯；或者在菜单栏中执行【放置】/【圆环】命令，在放置焊盘的位置绘制一个【半径】为 2mm 的同心圆，在【层】下拉列表中选择【Top Layer】命令，如图 9 – 30 所示。

图 9 - 29   为 Mark 点设置焊盘属性

图 9 - 30   与焊盘为同心圆的属性设置

项 目 实 施

步骤1：创建集成元件库

（1）创建集成元件库工程文件。

在菜单栏中执行【文件】/【New】/【Project】/【Integrated Library】命令，创建一个集成元件库工程文件；执行【文件】/【保存工程为】命令，将刚创建的集成元件库工程文件保存并命名为"我的元件库.LibPkg"。

（2）创建原理图元件库文件。

在菜单栏中执行【文件】/【New】/【Library】/【原理图库】命令，创建一个原理图元件库文件；执行【文件】/【保存】命令，将刚创建的原理图元件库文件保存并命名为"原理图元件.SchLib"。

（3）创建 PCB 元件库文件。

在菜单栏中执行【文件】/【New】/【Library】/【PCB 元件库】命令，创建一个 PCB 元件库文件；执行【文件】/【保存】命令，将刚创建的 PCB 元件库文件保存并命名为"PCB 元件封装.PcbLib"。

图 9 – 31　集成元件库工程相关文件

创建好的集成元件库工程相关文件如图 9 – 31 所示。

（4）在原理图元件库中添加发光二极管（LED）、1 位数码管（共阴）（DS）、电容（Cap）、蜂鸣器（LS）和按键（S）等元件，如图 9 – 32 所示。

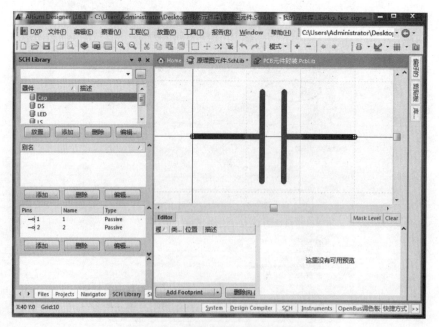

图 9 – 32　为原理图元件库添加元件

（5）查阅相关元件的封装尺寸资料，为 PCB 元件库添加发光二极管（LED）、1 位数码管（共阴）（SMG）、电容（RAD0.1）、蜂鸣器（LS）和按键（S）、继电器等元件封装，如图9-33所示。

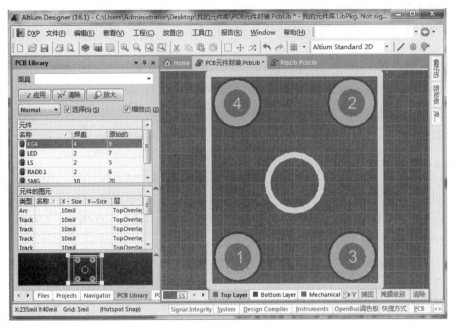

图9-33　为PCB元件库添加PCB元件封装

（6）连接原理图元件符号与元件封装，编译集成元件库，完成集成元件库的创建。

步骤2：新建设计项目

在菜单栏中执行【文件】/【New】/【Project】/【PCB Project】命令，新建一个PCB设计项目，并将其保存为"物体流量计数器.PrjPcb"，如图9-34所示。

步骤3：新建原理图文件

在PCB设计项目下添加一个原理图文件，将其保存为"物体流量计数器.SchDoc"，如图9-35所示。按照项目要求设置图纸参数（如图纸设为A4等）。

图9-34　新建设计项目

图9-35　新建原理图文件

步骤4：绘制原理图

1. 加载步骤1创建好的集成元件库"我的元件库.IntLib"，如图9-36所示。
2. 参照图9-1，设计完成物体流量计数器电路，注意元件的布局。

步骤5：编译项目

在原理图编辑器的菜单栏中执行【工程】/【Compile PCB Project 物体流量计数器.PrjPcb】命令，编译项目，并排除电路图中的错误。如果电路图绘制正确，【Message】面板的内容是空白的；如果出现错误报告，请仔细检查电路图并修改，直到正确为止。

步骤6：创建新的PCB文件

在PCB设计项目下新建一个PCB文件，将其保存为"物体流量计数器.PcbDoc"，如图9-37所示。按照项目要求设置PCB参数（如将PCB的大小设为4 000mil * 3 000mil等）。

图9-36　加载"我的元件库.IntLib"后的元件库列表

图9-37　新建PCB文件

步骤7：将原理图信息导入PCB文件

在原理图编辑器的菜单栏中执行【设计】/【Update PCB Document 物体流量计数器.PcbDoc】命令，弹出【工程更改顺序】对话框，如图9-38所示。依次单击【生效更改】和【执行更改】按钮，将原理图信息同步更新到PCB图中。如果执行过程中出现错误，则根据系统的提示更改错误，并重新执行此步骤，直到更新成功，关闭对话框，此时，原理图中的元件封装及其连接关系导入到PCB中，如图9-39所示。

步骤8：元件布局

根据电路中元器件的连接关系放置元器件时，选择与其他元件连线最短、交叉最少的方式进行合理的布局，如图9-40所示。

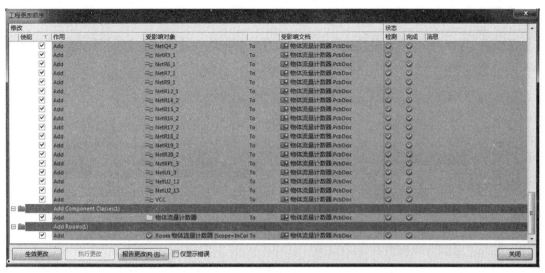

图 9 – 38　【工程更改顺序】对话框

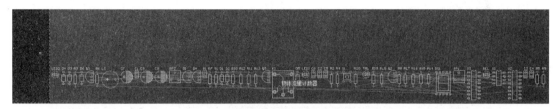

图 9 – 39　PCB 工作区内容

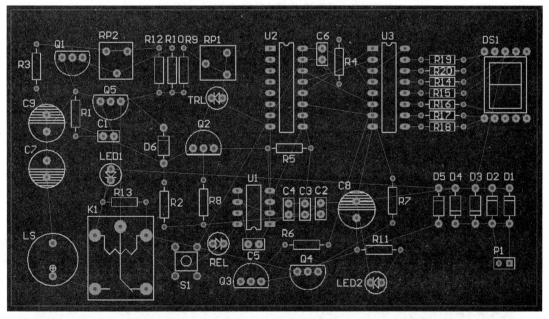

图 9 – 40　元器件布局

步骤9：布线

完成元器件布局之后，对其进行布线。在菜单栏中执行【设计】/【规则】命令，在弹出的对话框中设置线宽、布线层、拐角形状等参数，如图9－41所示。

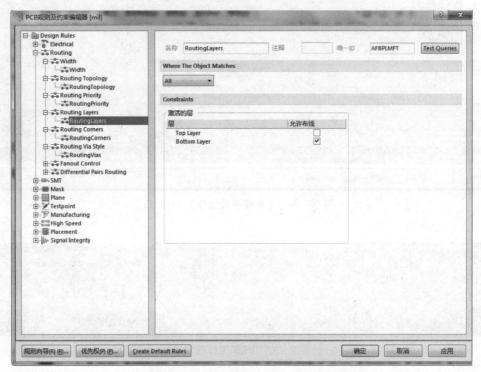

图9－41 【PCB规则及约束编辑器】对话框

完成设置后，单击【确定】按钮，关闭对话框。在菜单栏中执行【自动布线】/【全部】命令，对其进行布线，最后手动修改线路，完成设计的印制电路板如图9－42所示。

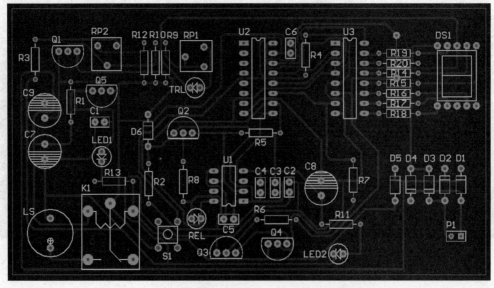

图9－42 物体流量计数器印制电路板（单面布线）

保存文件。

注意：在单面印制线路板设计中，对于复杂电路，可能会出现个别线路无法完全连通的情况，此时应考虑采用飞线连接。为了方便焊接，应为飞线绘制相应的焊盘。

项 目 训 练

1. 根据运算放大器电路的原理图设计其印制电路板图。要求采用 2 000mil * 1 500mil 的矩形板规划电路板，单面布线。运算放大器原理图如图 9 – 43 所示，元器件封装见表 9 – 3。

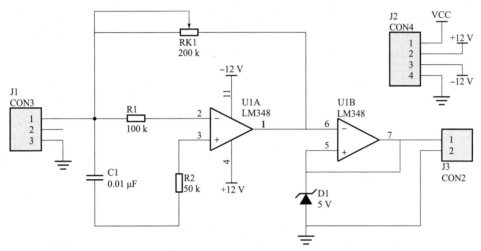

图 9 – 43　运算放大器电路原理图

表 9 – 3　元器件封装

样本名	序号	标称值	封装名
Cap	C1	0.01μF	RAD0.1
Dlodp Schttky	D1	5.2V	SIP2
Res2	R1、R2	100kΩ、50kΩ	AXIAL0.3
POT2	RK1	200kΩ	VR5
CON2	J3	CON2	SIP2
CON3	J1	CON3	SIP3
CON4	J2	CON4	SIP4
LM124_NSC	U1	LF348	DIP14

2. 根据单片机电路的原理图，设计其印制电路板图。要求如下：

（1）双面布线；

（2）布线线宽：信号线宽为 15mil，接地网络线宽为 40mil，VCC 网络线宽为 40mil，J3_2 网络线宽为 60mil。

（3）元件封装：V1 为 TO – 220，U1 为 DIP28，J3 为 RAD0.1，J4 为 SIP5，C1 ~ C8 为 RAD0.1，C9 为 RB5 – 10.5，Y1 为 RAD0.2，R1 为 AXIAL0.4，U2 为 DIP16，RP1、RP 为 SIP9，单片机电路原理图如图 9 – 44 所示。

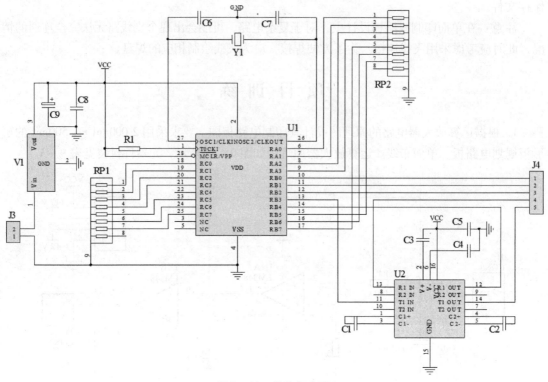

图9-44 单片机电路

3. 根据多数为表贴式元器件电路的原理图（如图9-45所示），设计其印制电路板图。要求如下：

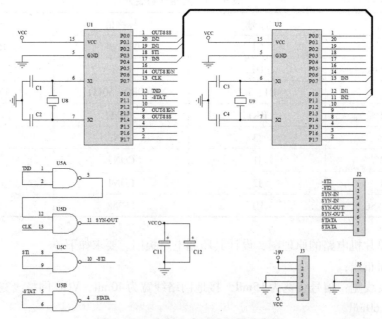

图9-45 多数为表贴式元器件电路

（1）双面布线；

（2）布线线宽：信号线宽为15mil，接地网络线宽为45mil，VCC网络线宽为35mil，

－19V网络线宽为35mil。

（3）元件封装：J2 为 SIP8，J3 为 SIP6，J5 为 RAD0.1；

（4）自建封装：U1、U2 为 SOP－20；U5 为 SOP－14；C11、C12 为 1206；C1、C2、C3、C4 为 0805；U8、U9 为 0806，各元件封装参数如图 9－46 所示。

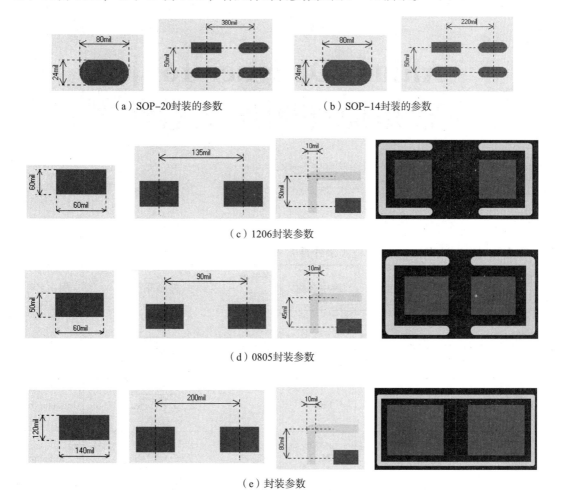

（a）SOP-20封装的参数　　　　（b）SOP-14封装的参数

（c）1206封装参数

（d）0805封装参数

（e）封装参数

附录一

Altium Designer 16 中
常用原理图库元器件

1. Miscellaneous Devices. IntLib（杂件库）原理图库部分元器件

元器件名称	外形符号	库中名称	元器件名称	外形符号	库中名称
电阻器		Res2	电位器		RPot
保险		Fuse1	电感器		Inductor Iron
麦克风		Mic1			Inductor
		Mic2			Inductor Adj
扬声器		Speak	蜂鸣器		Buzzer
无极性电容		Cap	极性电容		Cap Pol1
		Cap2			Cap Pol2
		Cap Var	电池组		Battery

续表

元器件名称	外形符号	库中名称	元器件名称	外形符号	库中名称
光电二极管		LED	单向晶闸管		SCR
		Photo Sen	双向晶闸管		Triac
NPN三极管		2N3904（NPN）	PNP三极管		2N3906（PNP）
		NPN1			PNP1
结型场效应管		JFET – N	结晶体管		UJT – N
		JFET – P			UJT – P
NMOS管		MOSFET – N	PMOS管		MOSFET – P
		NMOS – 2			PMOS – 2

续表

元器件名称	外形符号	库中名称	元器件名称	外形符号	库中名称
二极管		Diode	开关		SW – PB
		D Zener			SW – SPST
		D Schottky			SW – SPDT
		D Varactor			SW – DPST
		D Tunnel2			SW – DPDT
拨动开关		SW DIP – 2			SW DPDT
		SW DIP – 3	整流桥		Bridge2
		SW DIP – 4			Bridge1
晶振		XTAL	压敏电阻		Res Varistor
共阳数码管		Dpy Blue – CA	共阴数码管		Dpy Amber – CC

续表

元器件名称	外形符号	库中名称	元器件名称	外形符号	库中名称
继电器		Realy	三端稳压器		Volt Reg
		Realy – DPDT	变压器		Trans Ideal
		Realy – DPST			Trans
		Realy – SPDT			Trans Adj
		Realy – SPST	光电耦合器		Optoisolator1

2. MiscellaneousConnectors. IntLib （接插件库）原理图库部分元器件

（1）单排接插件：Header 2、Header 3、……、Header 24、Header 25、Header 30。

（2）双排接插件：Header 2X2、Header 3X2、……、Header 25X2 、Header 30X2。

（3）耳机插孔：Phonejack2、Phonejack3。

（4）电源插孔：PWR2.5。

（5）D型接插件：D Connctor 9、D Connctor 15、D Connctor 25。

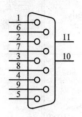

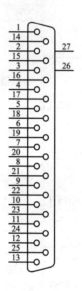

附录二

Altium Designer 16
的部分快捷键

1. Altium Designer 16 原理图快捷键

快捷键	功能	快捷键	功能
【X】	X 轴镜像	【Space】	旋转
【Y】	Y 轴镜像	【Q】	单位进制切换
【L】	板层管理	【G】	栅格设置
【A】+【D】	对齐 - 水平	【P】+【W】	放置走线
【A】+【I】	对齐 - 垂直	【P】+【D】+【L】	放置线
【A】+【T】	对齐 - 顶部	【P】+【V】+【F】	放置差分对标示
【A】+【B】	对齐 - 底部	【P】+【V】+【L】	放置 Blanket
【A】+【L】	对齐 - 左侧	【P】+【V】+【C】	放置网络类
【A】+【R】	对齐 - 右侧	【T】+【S】	从原理图选择 PCB 器件
【E】+【W】	打破线	【T】+【G】	封装管理器
【P】+【B】	放置总线	【T】+【N】	强制标注所有器件
【P】+【U】	放置总线入库	【V】+【A】	查看 - 合适区域
【P】+【J】	放置节点	【V】+【D】	查看 - 适合文件
【P】+【N】	放置网络标号	【V】+【F】	查看 - 合适板子
【P】+【R】	放置端口	【Shift】+【C】	清除蒙板
【P】+【T】	放置字符串	【Shift】+【Space】	改变走线模式

2. Altium Designer 16 PCB图快捷键

快捷键	功能	快捷键	功能
【Space】	旋转	【E】+【D】	编辑 – 删除
【X】	【X】轴镜像	【E】+【K】	编辑 – 切断轨迹
【Y】	【Y】轴镜像	【E】+【O】+【S】	编辑 – 设定原点
【L】	板层管理	【E】+【O】+【R】	编辑 – 复位原点
【G】	栅格设置	【M】+【M】	移动 – 移动
【Q】	单位进制切换	【M】+【D】	移动 – 拖拽
【A】+【D】	对齐 – 水平	【M】+【C】	移动 – 器件
【A】+【I】	对齐 – 垂直	【M】+【B】	移动 – 打断走线
【A】+【T】	对齐 – 顶部	【M】+【I】	移动 – 器件翻转板层
【A】+【B】	对齐 – 底部	【N】+【S】+【N】	网络 – 显示网络
【A】+【L】	对齐 – 左侧	【N】+【S】+【O】	网络 – 显示器件
【A】+【R】	对齐 – 右侧	【N】+【S】+【A】	网络 – 显示全部
【D】+【C】	设计 – 类设置	【N】+【H】+【N】	网络 – 隐藏网络
【D】+【K】	设计 – 板层管理	【N】+【H】+【O】	网络 – 隐藏器件
【D】+【R】	设计 – 规则	【N】+【H】+【A】	网络 – 隐藏全部
【D】+【W】	设计 – 规则向导	【P】+【O】	放置 – 坐标
【D】+【M】+【C】	设计 – 复制ROOM格式	【P】+【P】	放置 – 焊盘
【D】+【M】+【R】	设计 – 根据选择对象定义板子形状	【P】+【S】	放置 – 字符
【D】+【S】+【D】	设计 – 放置ROOM	【P】+【V】	放置 – 过孔
【D】+【N】+【N】	设计 – 编辑网络	【P】+【R】	放置 – 多边形
【S】+【A】	选择 – 全选	【P】+【F】	放置 – 填充
【S】+【L】	选择 – 线选	【P】+【G】	放置 – 敷铜
【S】+【I】	选择 – 区域（内部）	【P】+【D】+【L】	放置 – 线性尺寸
【S】+【O】	选择 – 区域（外部）	【P】+【T】	放置 – 走线
【T】+【C】	工具 – 交叉探测对象 （+【Ctrl】：跳转到目标文件）	【P】+【I】	放置 – 差分对布线
【T】+【E】	工具 – 泪滴选项	【P】+【M】+【Enter】	放置 – 多根布线
【T】+【D】	工具 – 设计规则检查	【U】+【A】	取消布线 – 全部
【T】+【M】	工具 – 复位错误标志	【U】+【N】	取消布线 – 网络
【T】+【V】+【B】	工具 – 从选择元素创建板剪切	【U】+【C】	取消布线 – 连接
【T】+【R】	工具 – 网络等长调节	【U】+【O】	取消布线 – 器件
【V】+【A】	查看 – 合适区域	【U】+【R】	取消布线 – ROOM
【V】+【B】	查看 – 翻转板子	【Shift】+【C】	清除蒙板
【V】+【D】	查看 – 适合文件	【Shift】+【F】	查找相似对象
【V】+【F】	查看 – 合适板子	【Shift】+【G】	显示走线长度
【V】+【H】	查看 – 合适图纸	【Shift】+【S】	单层显示
【Ctrl】+【M】	测距	【Shift】+【Space】	改变走线模式
【2】（主键盘）	切换二维显示	【*】（小键盘）	顶层/底层切换
【3】（主键盘）	切换三维显示	【+】/【-】（小键盘）	板层切换

参 考 文 献

［1］解璞，胡仁喜，等. Altium Designer 16 从入门到精通［M］. 北京：机械工业出版社，2016.

［2］闫聪聪，杨玉龙. Altium Designer 16 基础实例教程［M］. 北京：人民邮电出版社，2017.

［3］王超，胡仁喜，闫聪聪，等. Altium Designer 16 中文版标准实例教程［M］. 北京：机械工业出版社，2016.

［4］杨晓波，张欣. Altium Designer Summer 09 项目教程［M］. 北京：北京理工大学出版社，2015.

［5］史久贵. 基于 Altium Designer 的原理图与 PCB 设计［M］. 北京：机械工业出版社，2014.

参考文献

[1] 周凌，赵宏，等. Album Designer 16 入门与进阶[M]. 北京：机械工业出版社，2018.

[2] 刘振通，赵广，等. Album Designer 16 实用案例详解[M]. 北京：人民邮电出版社，2017.

[3] 张磊，郭志强，王建国. 等. Album Designer 15 中文版案例实战教程[M]. 北京：电子工业出版社，2016.

[4] 陈晓斐，王磊. Album Designer Summer 09 项目教程[M]. 北京：北京航空航天大学出版社，2015.

[5] 王大鹏，赵宁. Album Designer 技巧与提高 PLD 案例[M]. 北京：机械工业出版社，2014.